JN187331

絵とき コンクリート

栗津清蔵 監修
浅賀榮三 渡辺和之 高際浩治
村上英二 相良友久 鈴木良孝 共著

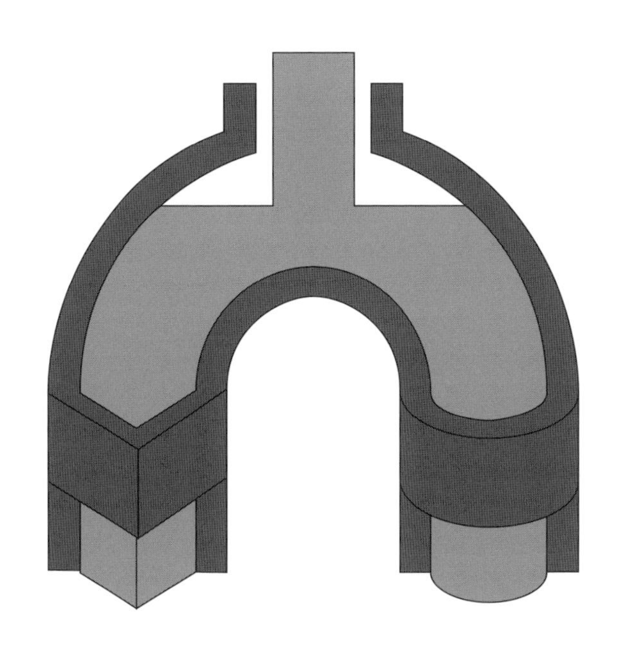

編集委員会

監　　修：粟津清蔵（日本大学名誉教授・工学博士）

編集委員：宮田隆弘（前高知県建設職業能力開発短期大学校校長）

浅賀榮三（元栃木県立宇都宮工業高等学校校長）

國澤正和（前大阪市立泉尾工業高等学校校長）

田島富男（トミー建設資格教育研究所）

本書を発行するにあたって，内容に誤りのないようできる限りの注意を払いましたが，本書の内容を適用した結果生じたこと，また，適用できなかった結果について，著者，出版社とも一切の責任を負いませんのでご了承ください．

本書は，「著作権法」によって，著作権等の権利が保護されている著作物です．本書の複製権・翻訳権・上映権・譲渡権・公衆送信権（送信可能化権を含む）は著作権者が保有しています．本書の全部または一部につき，無断で転載，複写複製，電子的装置への入力等をされると，著作権等の権利侵害となる場合があります．また，代行業者等の第三者によるスキャンやデジタル化は，たとえ個人や家庭内での利用であっても著作権法上認められておりませんので，ご注意ください．

本書の無断複写は，著作権法上の制限事項を除き，禁じられています．本書の複写複製を希望される場合は，そのつど事前に下記へ連絡して許諾を得てください．

出版者著作権管理機構
（電話 03-5244-5088，FAX 03-5244-5089，e-mail: info@jcopy.or.jp）

JCOPY ＜出版者著作権管理機構 委託出版物＞

はじめに

コンクリート（concrete）とは，ある物質が結合してできた**固形体**という意味で，コンクリート構造物やコンクリート製品などといわれているほかに，**具体的**にという意味もある．

すなわち，コンクリートとは**図1**のように，砕石や砂利などの**骨材**（こつざい）がセメントやアスファルトなどの**結合材**によって固まった固形体であり，アスファルト舗装も立派なコンクリートなのである．

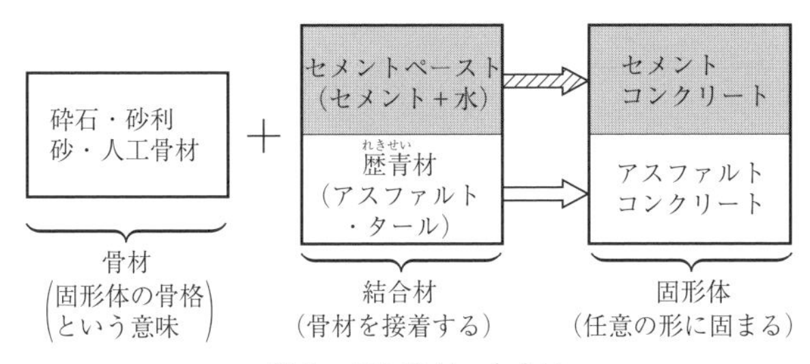

図1　コンクリートとは

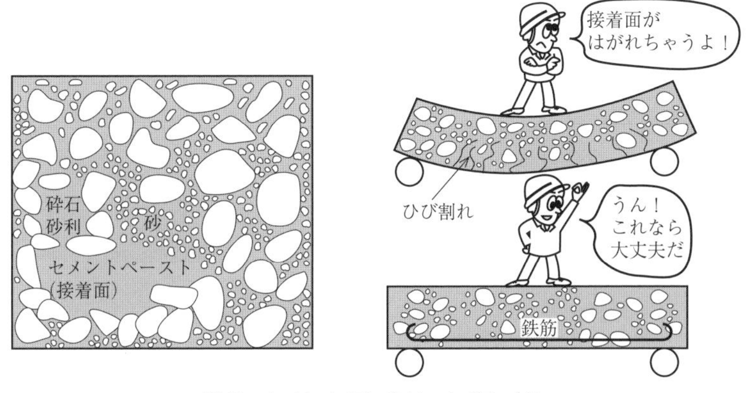

図2　セメントコンクリートのしくみ

このうちセメントコンクリートは，ダムや道路・橋・建築物など，多くの建設構造物をつくるうえで代表的な材料である．そのしくみは**図 2** に示すように，骨材が互いにどこかで接しているので，圧縮力には強いが，骨材がセメントペーストで接着されているので，引張力に対してははがれやすく弱い材料であることがわかる．セメントの使用量を多くすれば接着力も増し，ある程度までの引張力にも耐えられるが，コンクリート自体の価格が高くなる．そこで引張力にも強くするために，鉄筋をコンクリートの中の引張力が作用する部分に入れたのが**鉄筋コンクリート**である．このように簡単につくることができるコンクリートもいろいろと工夫されている．

また，アスファルトコンクリートは，主にアスファルト道路の舗装用材料として最も多く使用されている．

本書では，長期間にわたり目標の強度をもち，品質の良いセメントコンクリート（以後コンクリートという）をつくるために，まず最初にコンクリートの用途や長所・短所など，コンクリートの基礎的な内容について解説し，以下，コンクリートをつくる各材料（セメント・骨材・水）の性質や材料試験方法，1 m^3 のコンクリート（単位容積質量）をつくる各材料の量を決める配合設計，コンクリートのいろいろな性質，レディーミクストコンクリート（生コンクリート）の順で記述してある．

本書によって，コンクリートの基礎的な知識が習得できるものと思うので，本書を十分に活用し，実際のコンクリート工事の施工にも役立てていただきたい．

本書は，平成 6 年（1994 年）に初版を発行し，その後平成 12 年（2000 年）に骨材のアルカリシリカ反応やコールドジョイント問題などへの対応や単位の SI 化も含め大幅に再検討し，絵ときの個所を増やすなど，読者が理解しやすいようにまとめた改訂版を発行した．

近年，コンクリートの世界でも技術革新は著しく，逐次（公社）土木学会のコンクリート標準示方書などの改定が行われている．また優れた強度や施工性を追求するために開発された混和材料の出現，施工後約 50 年以上経過したコンクリート構造物の長寿命化に向けた維持管理の課題，地球環境に配慮したコンクリートの製造およびその解体時における廃棄処理や再利用方法などについて，コンクリートに関する幅広い知見が要求されるようになってきた．

そこで本書では，上記の現代のコンクリートにかかわる諸課題に対応するため全面的に内容を刷新し，設問は各章の重要事項の理解を確認できる形式とし，随所にイラストをより多用することで読者がより分かり易いようなテキストとなるように工夫して編集した．

この改訂3版が有効に活用され，品質が良く経済的なコンクリートがつくられることを期待している．

終わりに，本書の出版にあたり，いろいろご尽力いただいたオーム社書籍編集局の方々に，心からお礼申し上げる．

平成27年4月

著者しるす

SI の構成

SI は，合計 7 つの基本単位と，2 つの補助単位，これらから組み立てられる組立単位，これらに用いる 10 の整数乗倍を表す接頭語から構成されている．

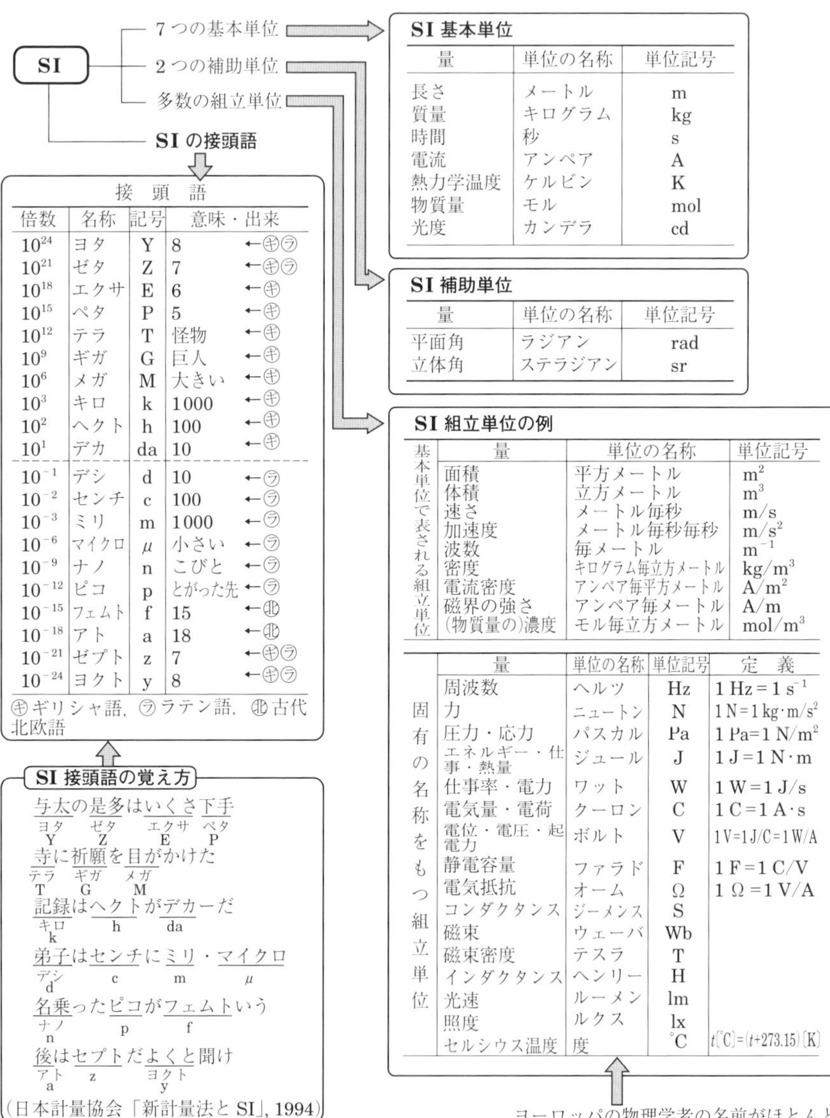

SI 基本単位

量	単位の名称	単位記号
長さ	メートル	m
質量	キログラム	kg
時間	秒	s
電流	アンペア	A
熱力学温度	ケルビン	K
物質量	モル	mol
光度	カンデラ	cd

SI 補助単位

量	単位の名称	単位記号
平面角	ラジアン	rad
立体角	ステラジアン	sr

SI 組立単位の例

	量	単位の名称	単位記号
基本単位で表される組立単位	面積	平方メートル	m^2
	体積	立方メートル	m^3
	速さ	メートル毎秒	m/s
	加速度	メートル毎秒毎秒	m/s^2
	波数	毎メートル	m^{-1}
	密度	キログラム毎立方メートル	kg/m^3
	電流密度	アンペア毎平方メートル	A/m^2
	磁界の強さ	アンペア毎メートル	A/m
	(物質量の)濃度	モル毎立方メートル	mol/m^3

	量	単位の名称	単位記号	定　義
固有の名称をもつ組立単位	周波数	ヘルツ	Hz	$1\ Hz = 1\ s^{-1}$
	力	ニュートン	N	$1\ N = 1\ kg\cdot m/s^2$
	圧力・応力	パスカル	Pa	$1\ Pa = 1\ N/m^2$
	エネルギー・仕事・熱量	ジュール	J	$1\ J = 1\ N\cdot m$
	仕事率・電力	ワット	W	$1\ W = 1\ J/s$
	電気量・電荷	クーロン	C	$1\ C = 1\ A\cdot s$
	電位・電圧・起電力	ボルト	V	$1\ V = 1\ J/C = 1\ W/A$
	静電容量	ファラド	F	$1\ F = 1\ C/V$
	電気抵抗	オーム	Ω	$1\ \Omega = 1\ V/A$
	コンダクタンス	ジーメンス	S	
	磁束	ウェーバ	Wb	
	磁束密度	テスラ	T	
	インダクタンス	ヘンリー	H	
	光束	ルーメン	lm	
	照度	ルクス	lx	
	セルシウス温度	度	℃	$t[℃] = (t + 273.15)[K]$

ヨーロッパの物理学者の名前がほとんど

接　頭　語

倍数	名称	記号	意味・出来	
10^{24}	ヨタ	Y	8	←㊔㋶
10^{21}	ゼタ	Z	7	←㊔㋶
10^{18}	エクサ	E	6	←㊔
10^{15}	ペタ	P	5	←㊔
10^{12}	テラ	T	怪物	←㊔
10^{9}	ギガ	G	巨人	←㊔
10^{6}	メガ	M	大きい	←㊔
10^{3}	キロ	k	1000	←㊔
10^{2}	ヘクト	h	100	←㊔
10^{1}	デカ	da	10	←㊔
10^{-1}	デシ	d	10	←㋶
10^{-2}	センチ	c	100	←㋶
10^{-3}	ミリ	m	1000	←㋶
10^{-6}	マイクロ	μ	小さい	←㋶
10^{-9}	ナノ	n	こびと	←㋶
10^{-12}	ピコ	p	とがった先	←㋶
10^{-15}	フェムト	f	15	←(北)
10^{-18}	アト	a	18	←(北)
10^{-21}	ゼプト	z	7	←㊔㋶
10^{-24}	ヨクト	y	8	←㊔㋶

㊔ギリシャ語，㋶ラテン語，(北)古代北欧語

SI 接頭語の覚え方

与太の是多はいくさ下手
ヨタ（Y）　ゼタ（Z）　エクサ（E）　ペタ（P）

寺に祈願を目がかけた
テラ（T）　ギガ（G）　メガ（M）

記録はヘクトがデカーだ
キロ（k）　h　da

弟子はセンチにミリ・マイクロ
デシ（d）　c　m　μ

名乗ったピコがフェムトいう
ナノ（n）　p　f

後はセプトだよくと聞け
アト（a）　z　ヨクト（y）

（日本計量協会「新計量法と SI」，1994）

現在は一般社団法人日本計量振興協会

本書で用いられる SI 単位

SI の中に，Unités（単位）が含まれていて重複するが，本書では慣用的に SI 単位と表す．

項　目	単位記号	単位の名称	換　算　値
長　さ	m cm mm	メートル センチメートル ミリメートル	1 m = 100 cm = 1 000 mm
質　量	kg t	キログラム トン	1 t = 1 000 kg
密　度 （単位体積質量）	kg/m^2	キログラム毎立方メートル	$\left(\dfrac{質量〔kg〕}{体積〔m^3〕}\right)$
力，荷重，重量	N kN	ニュートン キロニュートン	$1\ N = 1\ kg \cdot m/s^2$ 1 kN = 1 000 N
応力・強さ （強度）	N/m^2 N/mm^2	ニュートン毎平方メートル ニュートン毎平方ミリメートル	$1\ N/mm^2 = 100\ N/cm^2$
力のモーメント	N·m kN·m	ニュートンメートル キロニュートンメートル	1 kN·m = 1 000 N·m

本書で用いる SI 単位の各項目の関係を図で見てみよう．

質量と密度

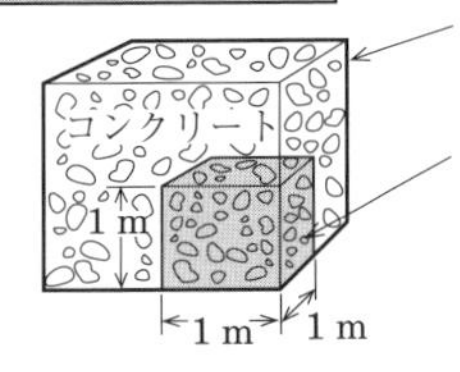

質量〔kg〕：コンクリートを構成する物質（砂や砂利・セメントなど）の量の大きさを示す値

密度〔kg/m^3〕：コンクリート $1\ m^3$ 中の質量の大きさを示す（大→内部の空げきが少ない）

重力と重量・応力

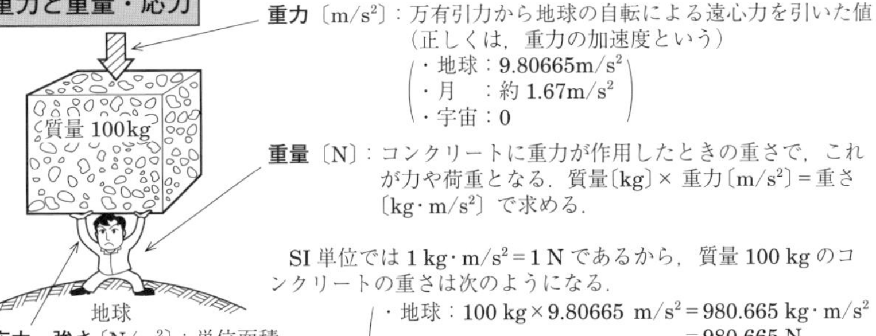

重力〔m/s^2〕：万有引力から地球の自転による遠心力を引いた値（正しくは，重力の加速度という）

- 地球：$9.80665 m/s^2$
- 月　：約 $1.67 m/s^2$
- 宇宙：0

重量〔N〕：コンクリートに重力が作用したときの重さで，これが力や荷重となる．質量〔kg〕× 重力〔m/s^2〕= 重さ〔$kg \cdot m/s^2$〕で求める．

SI 単位では $1\ kg \cdot m/s^2 = 1\ N$ であるから，質量 100 kg のコンクリートの重さは次のようになる．

- 地球：$100\ kg \times 9.80665\ m/s^2 = 980.665\ kg \cdot m/s^2 = 980.665\ N$
- 月　：$100\ kg \times 1.67\ m/s^2 = 167\ kg \cdot m/s^2 = 167\ N$
- 宇宙：$100\ kg \times 0 = 0$　宇宙ではコンクリートも宙返りする．

応力・強さ〔N/m^2〕：単位面積当りの力の大きさ

道路跨線橋を支える橋台や橋脚の施工

道路跨線橋の橋台や橋脚は，どうのようにしてつくられるのだろうか．

① **掘削後の均しコンクリート打設**
所定の深さまで掘削し，基礎地盤の不陸を調整した後，均し（ならし）コンクリートを打設する．

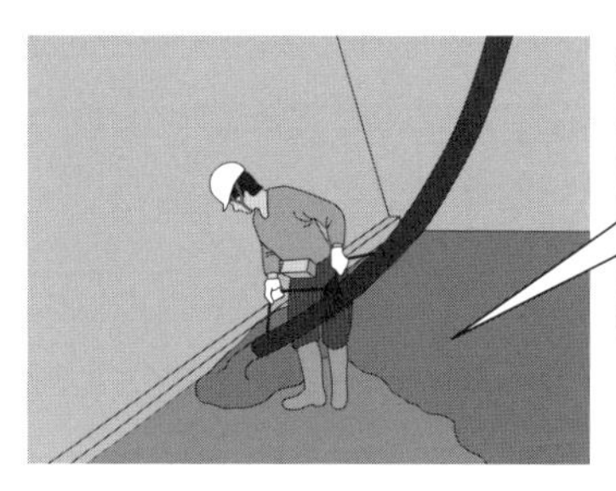

基礎面積が広く打設量が多いときは，ミキサー車からコンクリート圧送車へコンクリートを流し，ホースを用いて流し込む．

② **均しコンクリートの締固め作業**
板トンボやバイブレータを用いて十分に均しコンクリートを締め固める．

③　**配筋（鉄筋の配置）作業**

均しコンクリート硬化後，均しコンクリート表面に橋脚の位置を正確に記し，設計図面に指定された通りに鉄筋を配置する．

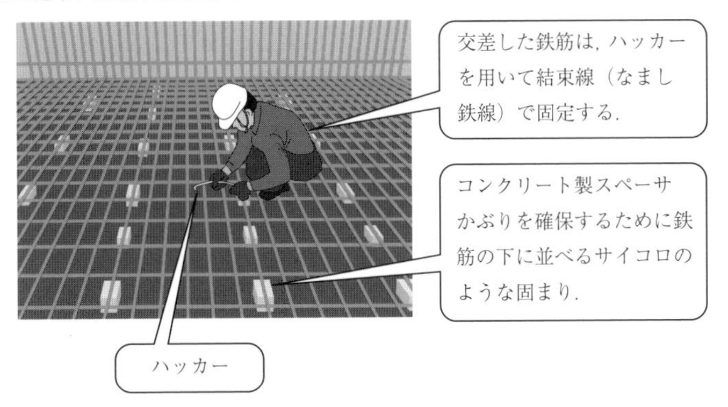

④　**フーチング基礎部へのコンクリート打設**

フーチングとは，基礎部が末広がりになった部分をいう．フレキシブルな高周波バイブレータを用いて振動をあたえながらコンクリートを十分に締め固める．

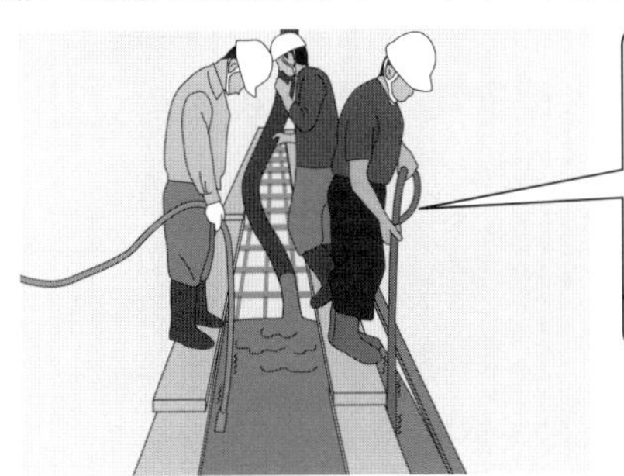

高周波バイブレータ
自由自在に曲がるので，複雑に鉄筋が入り組んだところの締固め作業も可能．跡が残らないように，ゆっくりと引き抜くことが肝心．

⑤　**コンクリート表面の鏝（こて）仕上げ**
打設後，鏝を用い，表面を仕上げる．木ごて，プラスチックごて等は荒仕上げ，金ごては表面仕上げに用いる．

かんじき
体重でコンクリートの中に足跡が残らないように底面が広がった履物．
金鏝（かなごて）
固い鉄製，柔らかいステンレス製など種類はさまざま．柔らかい鏝（こて）の方が仕上げやすい．

⑥　**竪壁部のレイタンスの除去**
レイタンス（コンクリート表目に現れた不純物）が残っていると構造物の強度に影響を及ぼすため，コンクリートが硬化した後，高圧水やワイヤブラシ等を用いてコンクリート表面のレイタンスを丁寧に除去する．

⑦　**シートによる養生**
養生（シートなどで保護すること）はコンクリート施工管理の上で，大切な作業である．夏場の養生は，表面に水を流して乾燥を防ぐ．また冬場の養生は，近くにヒータなど暖をとれる装置を設置することで凍結を防止する．

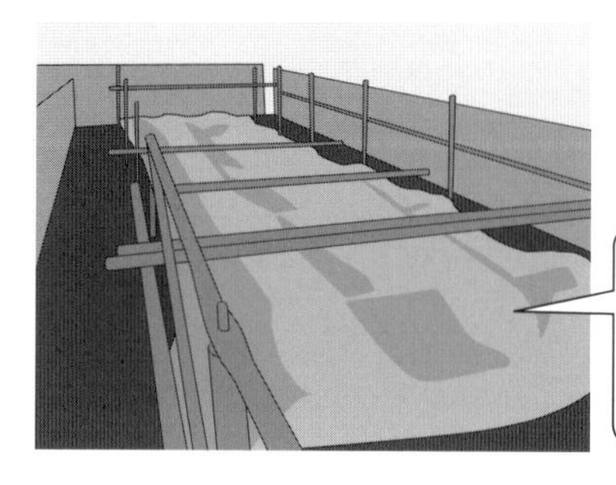

シートをかぶせて養生する．風や日光により，コンクリート表面が乾燥しないようにする．

⑧ **竪壁部の鉄筋の組み立てとスペーサやセパレータ等の設置**

さらに，竪壁部の鉄筋を組み立て，スペーサを設置し，セパレータとPコンを設置し，型枠を取り付ける．

コンクリート製スペーサ
かぶり（鉄筋とコンクリート表面との距離）を一定に保つために設置する．一般には2個/m^{2}設置する．高強度コンクリートでできている．

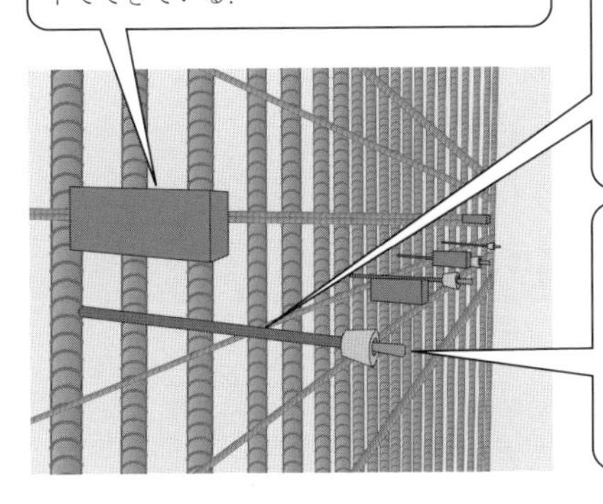

セパレータ
両側の型枠を連結するための鋼棒．セパレータ自体はコンクリート内部に残る．

Pコン
セパレータとホームタイとを連結し型枠を固定する部品．ねじでセパレータと連結されており，型枠解体時は，取り除くことができる．

⑨ **橋台上層部のコンクリート打設**

コンクリートを打つ前に，既に打設したコンクリート表面を清掃し，水分を与えた後，既存のコンクリート表面に均しモルタルを敷きならす．その後コンクリートを打設する．

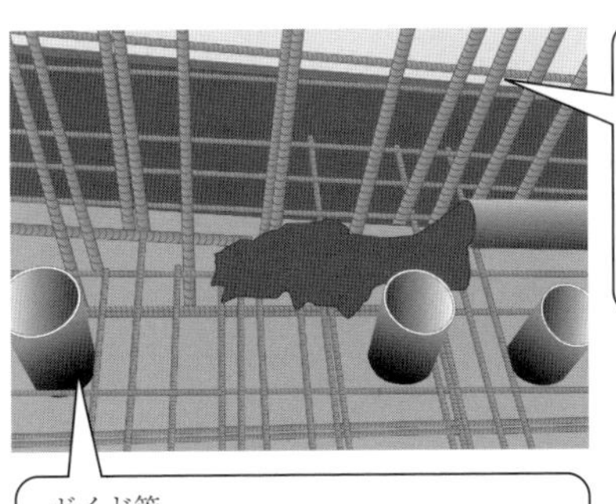

パラペット部の鉄筋
橋桁のプレストレス作業をしやいように，橋桁を施工してから，コンクリートを打設する．

ボイド管
円形断面の空間を確保するためにコンクリート内部に設置する紙製の型枠．この後支承（シュー）を固定するためのアンカーボルトを設置するためにあらかじめ穴をあけておく．

⑩　**橋脚上層部のコンクリート表面の仕上げ作業**
金ごてなどを用いて，表面を平らに仕上げる．さらに，支承を設置するところは，表面のレイタンスを取り除き，しっかりと支承が固定できるようにしておく．

⑪　**道路跨線橋の橋脚の完成**
硬化した後，型枠を外し，橋脚の周りの地盤を埋め戻す．

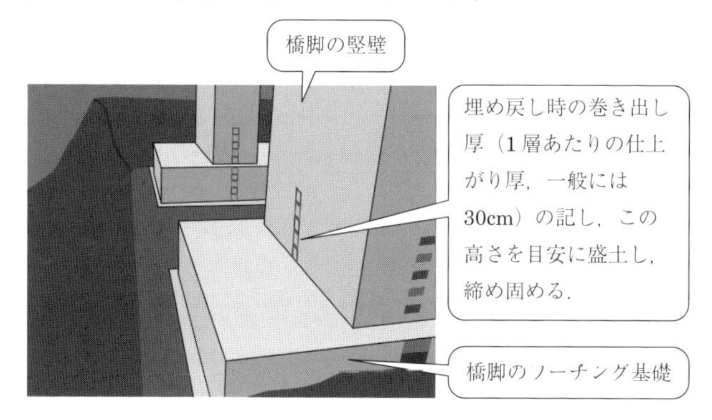

完成した道路袴線橋の橋脚.

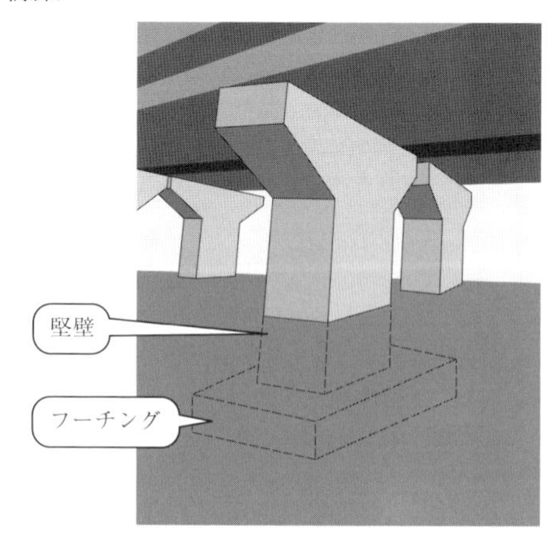

目　次

1章 コンクリートの基礎

2章 セメントの働き

3章 骨材と水の働き

4章　コンクリートの配合設計

5章　フレッシュコンクリートの性質

6章　硬化したコンクリートの働き

7章　レディーミクストコンクリート

1章

コンクリートの基礎

どんな土木構造物をつくるにも，必ずといっていいほどコンクリートが使用されている．それは鋼材の加工には一定の設備が必要だが，設備のない現場でもセメント・骨材・水などを別々に運び，練って型枠に詰めれば，**任意の形や品質**のコンクリートが得られる便利さがあるからであろう．

そのコンクリートをつくるうえで重要なことは，

「所要の品質，強度を持つコンクリートを，できるだけ経済的につくる」

ということである．

どうしたらこのようなコンクリートがつくれるのか，また，なぜこのようなコンクリートをつくる必要があるのか，ということをここで学んでみよう．

この章では，コンクリートの土木工事における使用例から長所・短所などを説明し，コンクリート全般についての基礎的な内容を説明する．

1 コンクリートをのぞいてみれば

コンクリートの耐久性

現場で行われている土木工事で最も多いものは，土工事とコンクリート工事である．コンクリート工事は，各構造物の作製，基礎工，トンネル工，舗装工，河川や海岸の護岸工事，下水道などの土木工事の中心となるものである（**図 1·1**）．

図 1·1　いろいろな土木構造物

図 1·2　石の構造物（ピラミッド）

ところで，コンクリートとは，いったいどのようなものだろうか？

地球上の自然界においてコンクリートに一番似ているものとして，石や岩石などが思いつくだろう．石や岩石は，砂や土が大きな圧力などによって押し固められたり，火山などから噴出した溶岩が冷えて固まってつくられている．昔から大きな石を加工して建造したものに，図に示したピラミッド（**図 1·2**）や門や塀などがある．

これらの石，岩石などでつくられた構造物は，100 年ぐらいは耐久性があるものとして考えられている．コンクリートでつくられた構造物も，同様に思われてきた．しかし近年，コンクリートの構造物に関する耐久性の問題がクローズアップされてきている．特に，コンクリート中の**アルカリシリカ反応**と**コールドジョイント**（**cold joint**）などが，トンネルなどのコンクリート構造物の強度劣化の原因となっている．

アルカリシリカ反応

この反応は，**図 1·3** で示すように，それぞれの成分が練り混ぜられたコンクリートの中で化学反応を起こして**骨材が膨張し**，コンクリートにひび割れを生じさせる原因となり，コンクリートの破壊につながるので適切な抑制方法をとる必要がある（p.121 参照）．しかし，セメントのアルカリ分は鉄筋をアルカリ性の膜で覆い，防錆役もしている．

セメントは高アルカリ性（pH10～11 程度）だね．

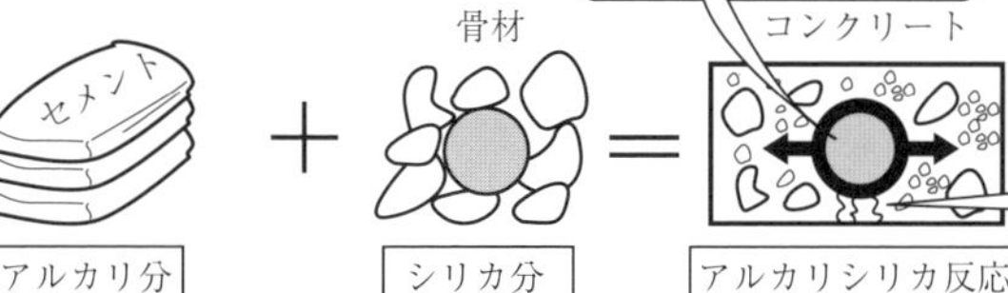

図 1·3　アルカリシリカ反応

コールドジョイント

大規模なコンクリート工事で，連続してコンクリートを打ち込む予定が，何かの事情（停電・ミキサーの故障など）で一時中断し，生じた**施工不良継目**（完全に一体化していない不連続面）を**コールドジョイント**という．あらかじめ計画された継目は，第 5 章で学ぶ処理をきちんと行うので，コールドジョイントにはならない（**図 1·4**）．

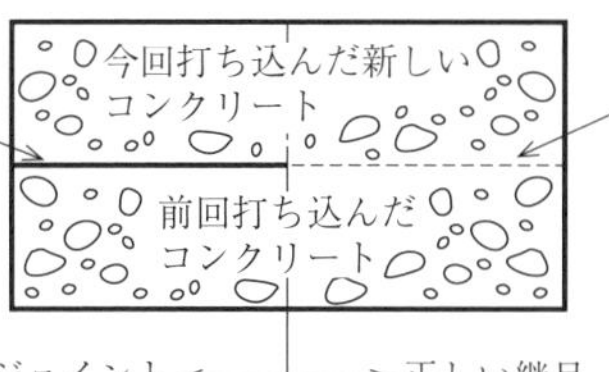

図 1·4　コールドジョイント

レイタンスとは，コンクリートを型枠に流し込んだ後にコンクリート表面に浮き上がってくる，接着の弱い微細な粒子の層のことです．（P.97 参照）

2 コンクリートは何からできているか

水

砂

砕石・砂利

混和材料

コンクリートの要素

コンクリートをつくる主な材料には，①セメント，②水，③砂，④砕石・砂利，⑤混和材料がある．

これらの材料を各用途によって吟味，選定し，それぞれの分量を混ぜ合わせ，各用途，目的にあったコンクリートを作製する．

各材料の使用量は，土木学会コンクリート標準示方書に基本的な値が示されている．この示方書には，あらゆるコンクリート構造物全般にわたって設計から施工にいたるすべての領域について記載され，コンクリート構造物を設計・施工する場合の規準となっている（**図 1·5**）．

また，鉄道や道路会社などでは独自の示方書があり，それぞれ鉄道や道路を設計・施工する上での規準になっている．

砕石は天然の岩石を爆薬や破砕機などで粉砕し，粒度を調整したものです．

図 1·5　コンクリート構造物を設計·施工する場合の規準

各材料の性質

図 1·6 に示すようなコンクリートに用られる各材料の性質などについて概略的に見てみよう．

(1)　セメント：市販されている**袋詰め**セメントと，セメント専用車（列車・トラック）で運び，風化しないようにセメントサイロで貯蔵する**ばら荷**セメントがある．一般のセメントを**ポルトランドセメント**（イギリスの Portland 産

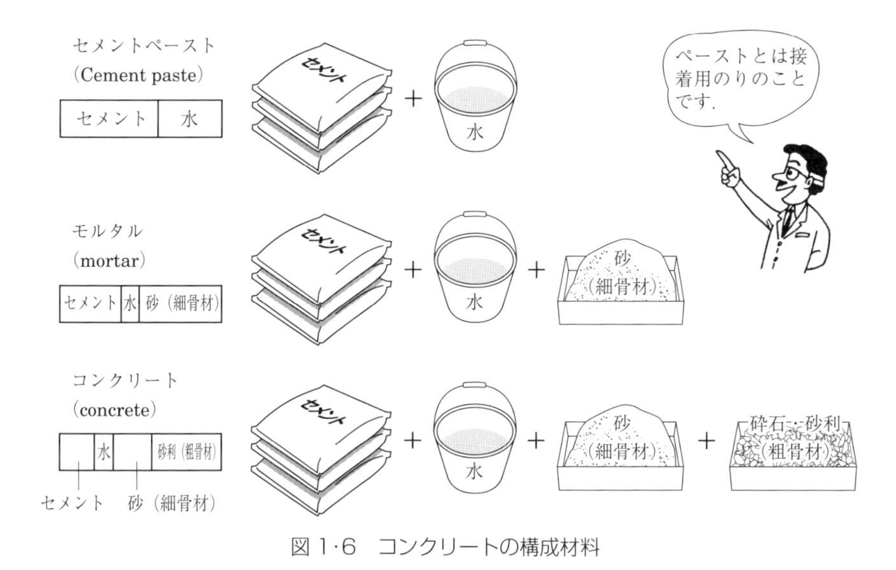

図 1·6　コンクリートの構成材料

の石灰岩に似ているのでこの名称になった）といい，このセメントにさまざまな**混和材**を加えたものを**混合セメント**という．

（**2**）　**練混ぜ水**：コンクリートに用いる練混ぜ水は，有害量の油，酸，アルカリ，塩類および有機物を含まない清浄なものでなければならない．また，鉄筋コンクリートには海水を用いてはならない．本書では単に“水”と表現する．

（**3**）　**骨　材**：砕石や砂利・砂はコンクリートの骨格としての働きをしているので，骨材という名称がついたもので，粒径の大きさによって**細骨材**と**粗骨材**に分けられる（p.44 参照）．

骨材はコンクリートの容積の 65 ～ 80％を占めており，その品質の良否がコンクリートの性質に大きく影響する．

骨材は従来，天然産の川砂・川砂利が多く用いられたが，最近では産出量が不足してきたので，山や海から産する骨材や人工骨材が使用されている．海砂は水洗いをするなどして塩害やアルカリシリカ反応に配慮する必要がある．

また，コンクリート塊を破砕した再生骨材は，有害物質の混入の有無を確認した後，適した用途に限り使用されている．

（**4**）　**混和材料**：コンクリートなどの品質を改善するために用いられる．セメント，水，骨材以外の材料で，練混ぜ前または練混ぜ中に加えられる．

3 良いコンクリートとは

コンクリートの長所

コンクリートは，次のような長所がある．

①圧縮力が大きい．

②耐久性，耐火性に優れている．

③任意の形や寸法のものをつくることができる．

そのため，建設構造物をつくる多くの現場で使用されている．コンクリートは圧縮力には強いが引張力には弱いので，コンクリート中に入れる鉄筋で引張力を補強している（**図 1·7**）．

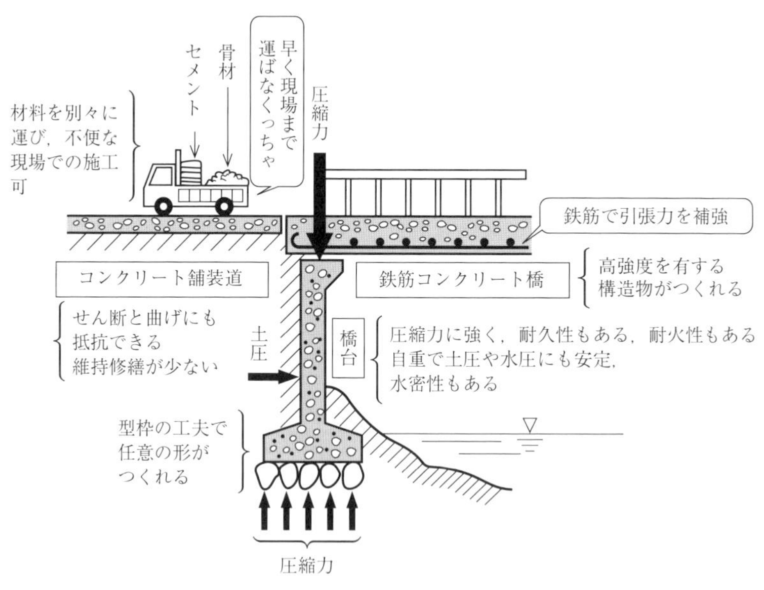

図 1·7　コンクリートの長所

良いコンクリートとは

良いコンクリートとは，図1·7の長所が十分に生かせるようなコンクリートをいい，次のようになる．

① 所要の強度をもつ．
② 所要の耐久性と水密性をもつ．
③ 経済的なものである．
④ 所要のワーカビリティーをもつ．

ワーカビリティー（workability）
仕事　可能にすること
打ち込みやすさや材料の分離の程度を示す（p.97参照）

良いコンクリートをつくるには

良いコンクリートをつくるためには，**配合設計**と**施工**，**養生**など，さまざまな条件を満たすようにする必要がある．例えば，配合設計はうまくいったのに，施工が悪いために，できあがったコンクリート構造物に，ひび割れが発生したり，あるいは，水の量が多すぎたために，所要の強度が得られない．また，養生条件が悪いために，硬化作用が不十分で，設計どおりの強度が得られない，などの問題が出てくる．**図1·8**の3つの条件を考慮して，コンクリートをつくっていくことが，大切である．

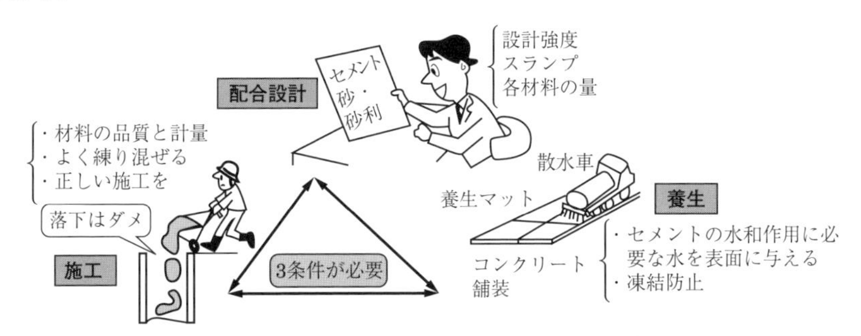

図1·8　良いコンクリートをつくる3条件

また，ねり混ぜたばかりのまだ固まらないコンクリートは，**レディーミクストコンクリート**（略して，レミコン，あるいは生コンともいう．第7章参照）と呼ばれ，品質の一定しているコンクリートが整備された工場でつくられている．レディーミクストコンクリートは，専用の生コン運搬車（トラックアジテータ）で運搬される（**図1·9**）．アジテータとは運搬中に生コンの材料分離が生じないようにかき混ぜる機械のことである．アジテータ内部には，ら旋状のプレートがついている．下ろすときは，アジテータトラックの後方から見て時計方向に回転させる．

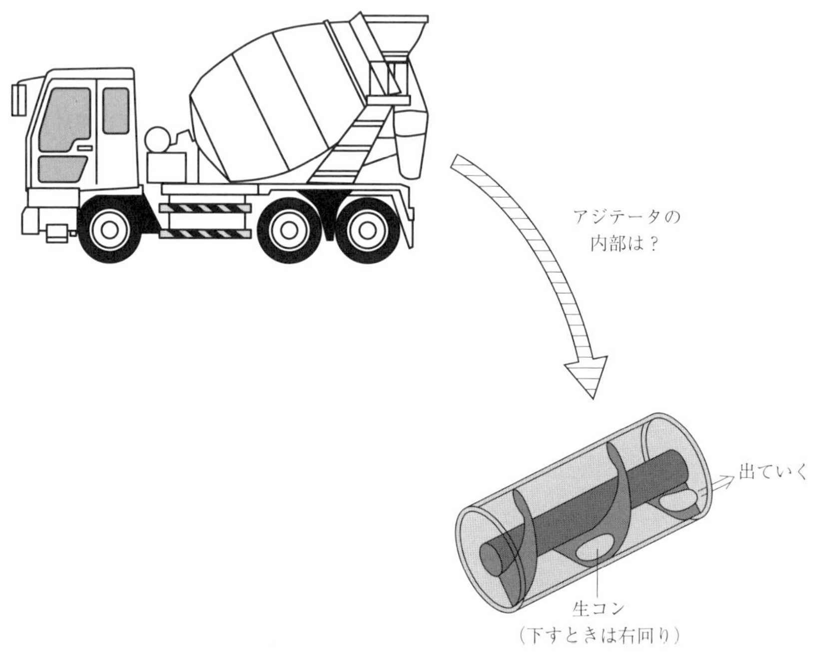

図 1·9　トラックアジテータ

「セメント水は強アルカリ」取扱注意！

セメントの主成分のカルシウムが水と接すると水酸化カルシウムを生じるため，強いアルカリ性（pH11 程度）を示す．したがって，生コン工場では，製造時に使用された廃水を直接下水や河川に排水することなく，希硫酸などで中和することで適正に処理（pH 調整）したり，練混ぜ用水やミキサーの洗車などに再利用している．図 1･10 は，中和装置の例である．アルカリ系洗剤の使用上の注意に「直接手に触れると肌荒れが生じる恐れあり」と書かれているが，セメントが溶けた水も同じで，素手で直接作業をすると皮膚がしわしわになることがある．目・鼻や皮膚に対して刺激性があり，長時間付着した状態が続くと，炎症を起こす可能性がある．したがって，セメントを取扱うときには，皮膚等へのセメントの接触を避けるための適切な保護具（手袋，長靴，保護メガネ，防護マスクなど）を着用するとともに，集塵機などで換気する必要がある．また，取扱い後には手洗い，うがいなどを忘れないようにすること．なお，硬化したコンクリートでは，手で触れても問題はない．その理由は，通常，コンクリートの表層に存在する水酸化カルシウムは空気中の炭酸ガスと反応して，中性の炭酸カルシウムになっているからである．

図 1･10　中和装置

4 悪いコンクリートとは

少しの
水かげんでも
弱点に
かわるぞ

悪いコンクリートとは

悪いコンクリートとは，次のようなコンクリートをいう．

① 所要のワーカビリティーが得られず，型枠の隅々までいきわたらない．

② 所要の強度が得られず，構造物の安全性が保てない．

③ 所要の耐久性や水密性が得られず，安定性に欠ける．

④ 価格が高く，原価管理がうまくできない．

原価管理とは，材料などの仕入値段をもとにして，経営に影響しないよう管理することです．

コンクリートは，ほんの少し水を増やしただけでやわらかさが変化し非常に異なったものになる．これに伴って，ワーカビリティー，強度，水密性，耐久性などが大きく変わってくる（第4章参照）．したがって，特に水の量については，細心の注意をはらう必要がある（**図 1·11**）．

水量の多い方が
練りやすく，
型枠の隅まで
いきわたるよ！
水

なぜ，水を多く入れてはいけないのか

上昇してきた水とセメントペースト（レイタンス）（p.97参照）

型枠

水滴（余剰水）

型枠に沿って水滴がセメントペーストとともに上昇し，脱型後は縞状の砂層が残る．（骨材とモルタルが分離している）

水滴が上昇した後に空げきが残る．

上昇した道筋がひび割れとなりやすい．

このように，余剰水が多いと材料の分離や空げきなどの問題だけでなく，一番大切なセメントの化学反応によってできた**結晶体が粗大で空げきも多く**，また接着効果も水によって薄められたのり（糊）と同じで脆弱となり，強度や耐久性が弱いコンクリートとなる．

そこで，配合設計では，所要のワーカビリティーが得られる範囲で，使用水量が最小になるように設計している．また，水量の少ない硬いコンクリートは，ローラで転圧（RCD工法）したり，AE剤を使うなどの工夫がなされている．

図 1·11 コンクリート中の余剰水

コンクリートの短所

コンクリートには，次のような短所がある．

① コンクリート自体の重さ（自重）が重い．

② 乾燥収縮のために，ひび割れが発生する．

③ コンクリート構造物の取り壊しが大変である．

RCD 工法（roller compacted dam concrete）とはコンクリートダムの施工法のひとつで，温度によるひび割れの発生を抑制するため，硬練りのコンクリートを用いて，ローラなどで締固めを行いながら施工する工法です．

コンクリートは自重が重いので，コンクリート製品などを，人力により動かすことが大変になってくる．したがって，コンクリート橋の設計において，自重を考えに入れて設計をする必要がある．そうしないと，コンクリート橋が自分自身の重みに耐えられなくなり，破壊することも考えられる．

乾燥収縮とは，コンクリートを打設して，養生していくときに，水分が蒸発して抜けていく．そのときに，コンクリートが型枠より小さくなるために，内部に応力が発生する．また，鉄筋が中に入っている場合は，ひび割れ発生のために，内部の鉄が錆びることもある．

コンクリートが固まってしまったら，なかなか壊せない．特に，古くなったビルを壊すときなどは，ブレーカのような大きな重機を用いる．また最近では，爆薬を用いて壊したりする（**図 1·12**）．

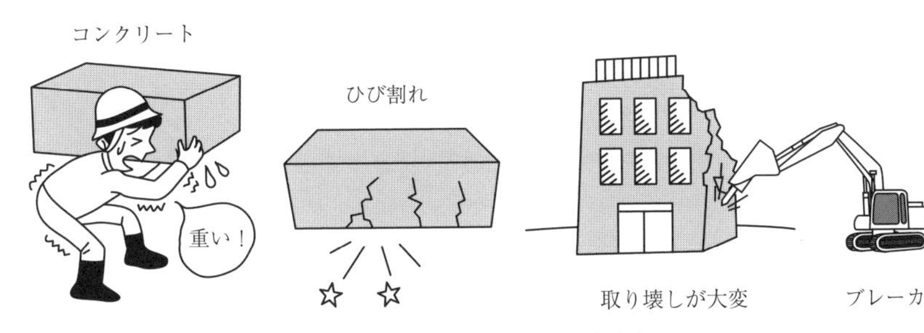

図 1·12　コンクリートの短所

5 コンクリートは土木工事の代表選手

コンクリートの用途

コンクリートの用途には，工事現場で型枠に流し込んでつくる**現場打ちコンクリート**と工場内でコンクリート技術に熟練した作業員による設備の整備されたところで，品質管理されてつくられる**コンクリート製品**がある．

現場打ちコンクリートについて考えてみると，

① 橋，橋台

② 道路舗装

③ 擁壁（ようへき）

などをすぐに思い浮かべることができる（**図 1·13**）．これらは各現場において型枠をつくり，そこにコンクリートを打ち込んで任意の形状につくりあげる．そのために，まったく同じものにはならないということになる．

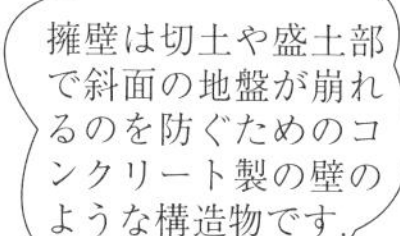

擁壁は切土や盛土部で斜面の地盤が崩れるのを防ぐためのコンクリート製の壁のような構造物です．

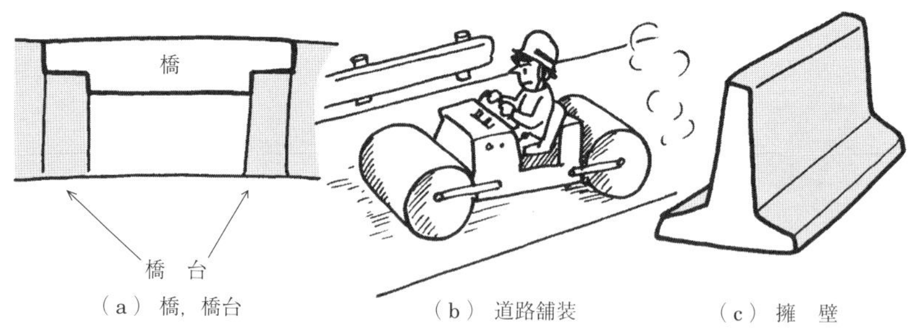

（a）橋，橋台　（b）道路舗装　（c）擁　壁

図 1·13　現場打ちコンクリート

また，構造物をつくるときには，施工業者が発注者から工事を請け負う．そのために，受注生産（注文生産）となる．したがって，完成した構造物は大量生産

とは異なり，それぞれ個々のものができあがる．

コンクリート製品　コンクリート製品は，工場生産され，それぞれの現場での構造物の部材としても用いられている．土木工事において用いられているコンクリート製品には，**表1·1** のようなものがある．

表1·1　コンクリート製品の分類

道路用製品	管　類	PC製品	基礎，その他
歩道用コンクリート板 鉄筋コンクリートU型 鉄筋コンクリートL型 境界ブロック	鉄筋コンクリート管 遠心力鉄筋コンクリート管 遠心力鉄筋コンクリート管 （ヒューム管）	まくら木 ポール（電柱など） 橋げた	杭 矢板 ブロックなど

※　遠心力鉄筋コンクリート管をヒューム管という．

PCはプレストレストコンクリート（prestressed concrete）のことです．あらかじめコンクリート内に圧縮力を与えたコンクリートをいいます．
まくら木は鉄道のレールを支える部材のことです．木製だけでなくコンクリートや鉄などの材料でできています．
基礎とは橋などの土木構造物と地盤とを連結し，一体化させる部分のことです．

コンクリート製品のほとんどのものに，**JIS**（Japanese Industrial Standards：日本工業規格）が制定されており，種別，形状，寸法，製造方法，強度，および試験方法などが定められている．また，JISで扱う材料や強度の単位は，すべてSI単位を用いることになっており，JIS認定工場の代表的なレディーミクストコンクリート（生コン）工場では，呼び強度（第7章参照）もSI単位で表示している．

護岸用ブロック，消波ブロック　護岸用ブロックの代表的なものとして，テトラポッド（tetra pod：ギリシャ数で4という意味（**図1·14**））などがあるが，これらもコンクリート製品として大切なものである．

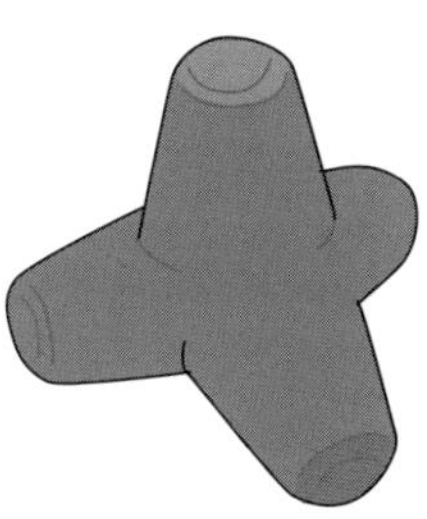

図1·14　テトラポッド（テトラポッドは4本足）

1章のまとめ問題

【問題1】 コンクリートをつくる主な材料は，（ ① ），水，（ ② ），砂利または砕石，混和材料である．

【問題2】 （ ① ）セメントは，イギリスのPortland産の（ ② ）に似ているのでこの名称がつけられた．

【問題3】 砕石や砂利・砂は，コンクリートの骨格としての働きをしているので，（ ① ）という名称で呼ばれ，コンクリートの容積の（ ② ）%を占める．

【問題4】 セメントは，PH11程度で（ ① ）性の性質がある．

【問題5】 アルカリシリカ反応とは，セメントの（ ① ）分と骨材の（ ② ）分が反応し，骨材の表面に膨張性の物質が生成される現象をいう．

【問題6】 コンクリート工事で，完全に一体化していない不連続面を（ ① ）という．

【問題7】 コンクリートは（ ① ）力に強いが，（ ② ）力に弱い．

【問題8】 コンクリート短所のひとつとして，乾燥収縮のために（ ① ）が発生することがあげられる．

【問題9】 （土木施工管理技術検定試験対策問題）

コンクリートの材料や性質に関する記述のうち，適当なものはどれか．

(1) モルタル：コンクリートと同意語．主として建築物に使用されるコンクリートをいう．
(2) アルカリシリカ反応：アルカリ成分の少ない骨材を使用する．
(3) 海水：無筋コンクリートでは海水を使用してもよい．
(4) JIS：国際標準工業規格のことをいう．

2章

セメントの働き

セメントは，コンクリートをつくるうえで，水と反応して砂，砂利などを接着する役目をするものである．また，コンクリートは，打設してから日数がたつにつれて，強度が増加する．

打設は打込みともいいます．練り混ぜ，運搬されたコンクリートを型枠に詰込む作業のことです．

セメントは，工場生産のために品質などは，大体一定しており，各製造会社によって同じ種類のセメントで大きな違いはない．

また，セメントは，コンクリートに用いられる材料の中で一番値段の高いものであり，コンクリートは所要の強度，品質をもち，できるだけ経済的なものをつくろうとするので，セメントの使用量なども大きな要点となる．

この章では，セメントの性質や種類，成分，製造方法などを学び，セメントがコンクリートの中での果たす役割などを理解し，第４章のコンクリートの配合設計に役立てるようにする．

1 セメントの買い方，しまい方

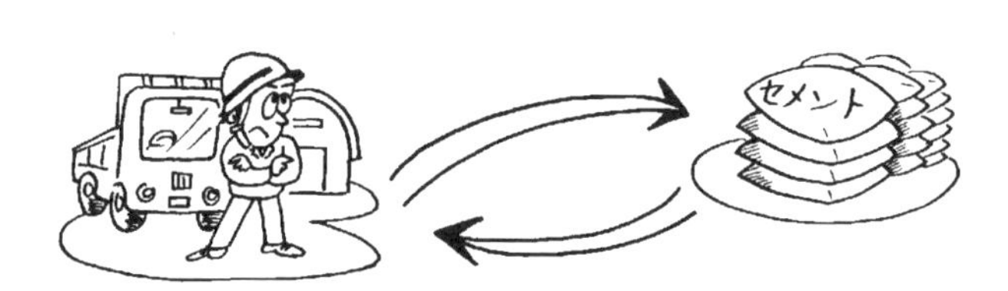

セメントの購入

コンクリート工事において使用するセメントは，コンクリートの品質に大変大きな影響を与える．所要の強度や品質をもち，経済的なコンクリートをつくるために，それらに適するようなセメントを選択しなければならない．

また，特に大型工事のときには，使用するセメントの量も，非常に大量になる．そのようなときには，輸送費の削減，あるいは安全な供給を図るため，セメント供給会社の選択も大切になってくる（**図 2·1**）．

図 2·1 セメント購入の条件

セメントの包装は，紙袋が一般的に使われている．しかし，大量に使う工事などにおいては，包装費を削減するために，専用の鉄道貨車，運搬用トラックを用いてばら荷として輸送し，現場のセメントサイロに貯蔵する方法をとっている．

セメントの貯蔵

セメントを貯蔵することにおいて，品質の劣化，特に，**風化**に注意しなければならない（**図 2·2**）．

セメントは長く貯蔵すると空気中の湿気や，二酸化炭素（CO_2）などを吸収し

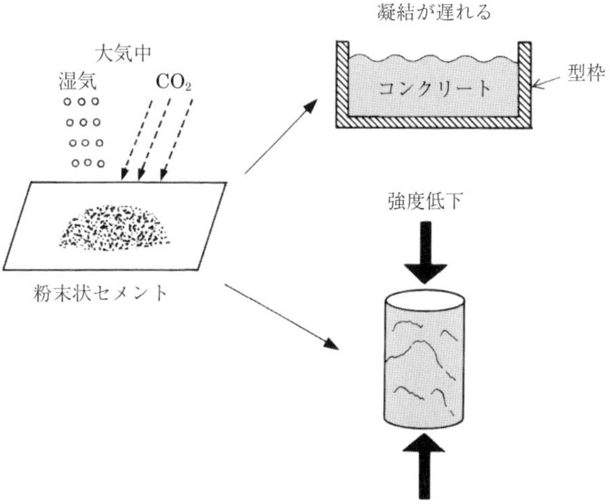

大気中
湿気
CO_2
粉末状セメント
凝結が遅れる
コンクリート
型枠
強度低下

図 2·2　セメントの品質劣化

て，セメントが自然に水和反応を起こし品質が劣化する．そのために，強度が低下したり，凝結時間が遅れることになる．また，風化することによって，セメント自体が固まることもある．

以上のようなことから，セメントは品質の劣化を伴うので，長時間の貯蔵はできるだけ避けなければならない．そのために，一日当たりのセメントの使用量をきちんと算出し，セメントの貯蔵量をできるだけ少なくして，必要に応じセメント供給会社から搬入することが望ましい（**図 2·3**）．

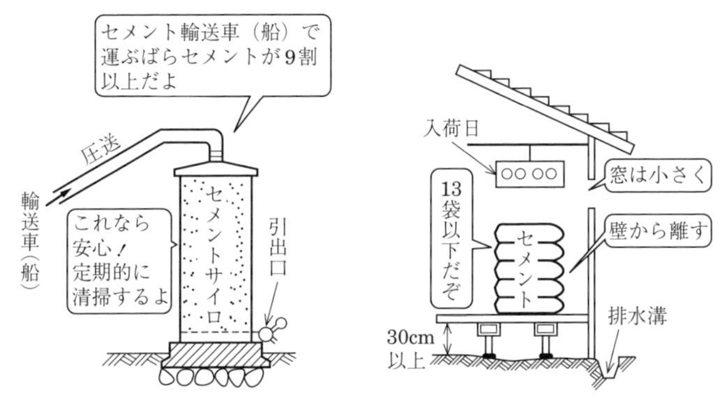

図 2·3　セメントの貯蔵

2
接着力が一番

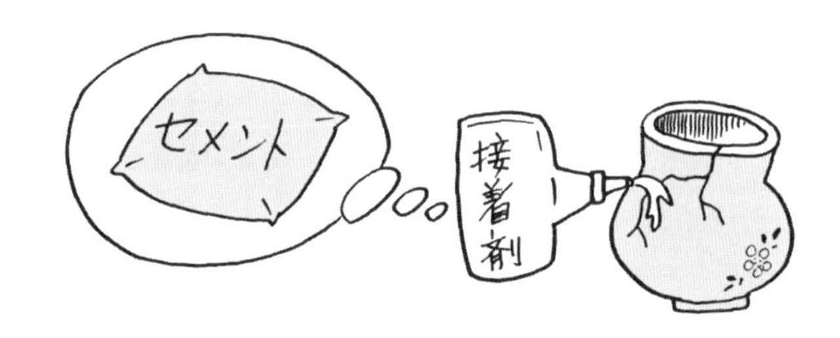

セメントの性質

子供の頃に泥遊びをした記憶は，大部分の人々にあると思う．男の子では砂場で山をつくり，その下にトンネルを掘ったり，堅い土だんごをつくったり，また，女の子ではままごと遊びでいろいろな容器に，土，砂などを入れたりして遊んだことがあると思う．

しかし，ここでちょっと昔の記憶をたどってみよう．水と砂と石を一緒にして，混ぜ合わせるとどうなっただろうか．これはよく知られているように，砂と石がぬれて混じり合うだけのもので，翌日になると水は蒸発してしまい，数日たつと砂と石だけが残るだけになってしまう（図**2·4**）．

ここで，この水と砂と石との混合物に，セメントという物質を入れることにより硬化する．この混合物のことを**コンクリート**といい，非常に固い物質に変わる．この例からわかるように，セメントとは，ものとものをつなぎ合わせる接着材となる．そのセメントにはどんな性質があるのだろうか．

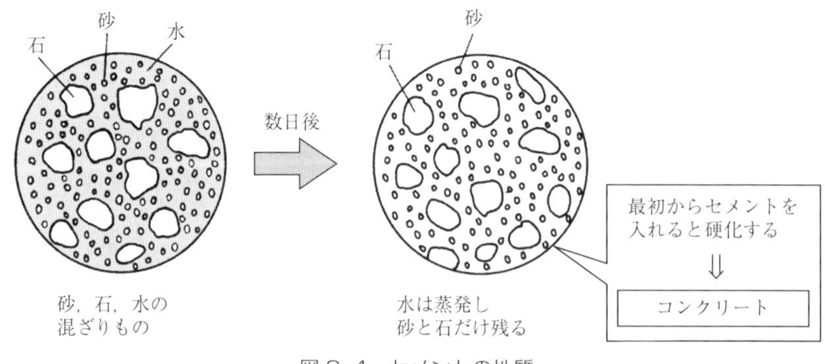

図 2·4　セメントの性質

セメントの水和反応

セメントに水を加えて練り混ぜると，時間とともに流動性がなくなって固まってくる（**図2·5**）．これはセメントと水との化学反応であって，**セメントの水和**（hydration）という．この反応によって，時間経過とともに強度が増してくる．この反応の際に発生する熱を**水和熱**といい，この熱に対応するために，コンクリート施工上いろいろと工夫がなされている．水和熱の大きさは，セメントの化学組成やセメント粒子の細かさ，使用する水量などによって変化する．水和熱はコンクリートの性質に影響を及ぼすので，大量にコンクリートを使用する場合は，コンクリート内部と表面との間の温度差によるひび割れを防止するため水和熱が低いセメントを使用する必要がある．また，寒冷地においては，水和熱を利用して養生時の温度を確保する場合がある．

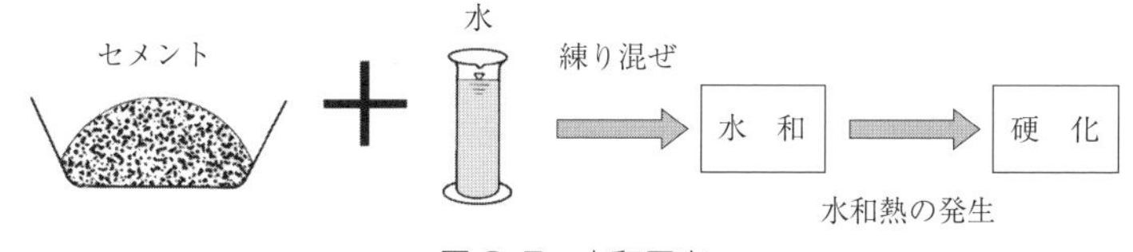

図2·5　水和反応

セメントの完全水和に要する水量は，セメントの約35～37%程度といわれている．コンクリート作製時に用いる水の量は，多すぎても少なすぎても良くない．また，この水量ができあがったコンクリートの品質に大きな影響を与える．したがって，水和反応に最も適した水量を求める必要がある．

セメントの物理的な性質

セメントには次のような物理的な性質があるが，近年工場から出荷されるセメントの品質は大体一定しており，性質を調べるセメントの物理試験を行うとすれば，風化の程度などを知るセメントの強さ試験が一般的であるといえよう．なお，セメントの物理試験方法はJIS R 5201に規定されている．

〔**1**〕**密度**　一般のセメントの密度は2 900～3 200 kg/m^{3}であるが，焼成が不十分であったり，風化するとその値は小さくなる．

〔**2**〕**粉末度**　セメント粒子の細かさを示すもので，粉末度が高いほど表面積が大きくなるから，水和作用が早くなるが風化しやすくもなる．

〔3〕**凝結** セメントが水和作用によって固結する現象をいい，粉末度，水量，温度，湿度などによって変わる．風化していると遅くなる．

〔4〕**安定度** セメントの硬化中の容積の膨張の程度を示し，膨張の少ないものを安定しているという．

〔5〕**強さ** セメントの諸性質の中で，コンクリートの強度に結びつく最も重要なもので，**図2·6**のようにコンクリートに近い**モルタル**で試験をする．

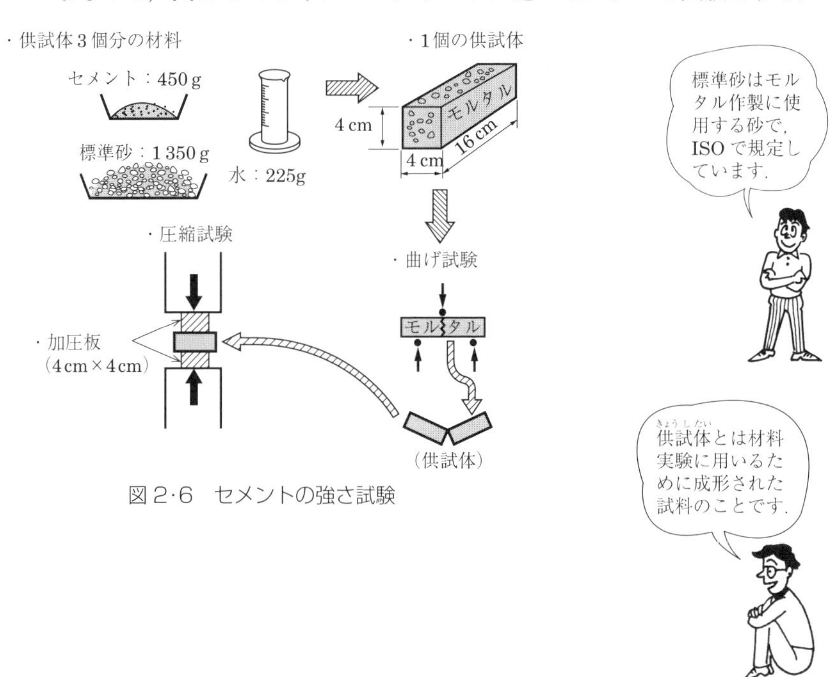

図2·6 セメントの強さ試験

JIS に規定されているセメント

建設工事に用いられるセメントは，構造物の種類や用途，気象状況，工期，施工方法などの条件に適合するよう選定しなければならない．JIS においては，品質が規定されているセメントは，ポルトランドセメント，高炉セメント，シリカセメント，フライアッシュセメント，エコセメントがある．**表2·1**に JIS に規定されたセメントの種類を示す．このうち，わが国では，普通ポルトランドセメントと高炉セメント B 種が使用される場合がほとんどであり，全セメント生産量の 90% を以上を占める．

表 2·1　JIS に規定されたセメントの種類

ポルトランドセメント (JIS R 5210：2009)	普通ポルトランドセメント	それぞれに低アルカリ形がある
	早強ポルトランドセメント	
	超早強ポルトランドセメント	
	中庸熱ポルトランドセメント	
	低熱ポルトランドセメント	
	耐硫酸塩ポルトランドセメント	

			混合材質量（%）
混合セメント	高炉セメント (JIS R 5211：2009)	A 種	5 ～ 30
		B 種	30 ～ 60
		C 種	60 ～ 70
	シリカセメント (JIS R 5212：2009)	A 種	5 ～ 10
		B 種	10 ～ 20
		C 種	20 ～ 30
	フライアッシュセメント (JIS R 5213：2009)	A 種	5 ～ 10
		B 種	10 ～ 20
		C 種	20 ～ 30

エコセメント (JIS R 5214：2009)	普通	普通は少量混合成分として石灰石を含む
	速攻	

3 中身をのぞくと

セメントの成分

セメントにはいろいろな種類があるが，ここではポルトランドセメントについての成分をみていこう．

ポルトランドセメントは，灰色の粉末のもので，その主成分は，**酸化カルシウム**（CaO），**二酸化ケイ素**（SiO_2），**酸化アルミニウム**（Al_2O_3），**酸化鉄**（Fe_2O_3）であるが，これらの化学成分は，1 400 ～ 1 500℃の高温での**焼成**によって単独では存在せず，多種の化合物を形成し，それらの化合物が主成分となって，**エーライト・ビーライト・アルミネート相**，**フェライト相**などセメントの強度に影響を及ぼす組成鉱物を形成する．組成鉱物の化学成分は，製造工場などによって多少異なるが，**表 2·2** のようになる．

エーライトとビーライトは種類の異なるケイ酸カルシウムという化合物で構成され，セメント全体の 70 ～ 80％を占めている．その主な成分は微量のアルミニウム，鉄，マグネシウム，ナトリウム，カリウム，チタン，マンガンなどである．アルミネート相とフェライト相はエーライトとビーライトの間隙を埋めるように存在するので間隙相とよばれ，全体の 15 ～ 18％を占めている．その主な成分は，少量のケイ素，マグネシウム，ナトリウム，カリウムなどである．

各組成鉱物は，表 2·2 のような特性をもっており，この特性を考慮して組成鉱物の**含有比率**を変化させ，各種のポルトランドセメントがつくられているのである．たとえば，普通ポルトランドセメントの含有比率に対して

- 早強ポルトランドセメント：エーライト（C_3S）を多くして，早強性を発揮させる．
- 超早強ポルトランドセメント：さらにエーライトを多くし，ビーライト（C_2S）を少なくする．

表 2·2　組成鉱物の特徴

クリンカーの構成化合物		化学組成	強度発現（短期）	強度発現（長期）	水和熱
けい酸カルシウム	エーライト	$3CaO \cdot SiO_2$ (**C_3S**)	大	大	中
	ビーライト	$2CaO \cdot SiO_2$ (**C_2S**)	小	大	小
間　隙　相	アルミネート相	$3CaO \cdot Al_2O_3$ (**C_3A**)	大	小	大
	フェライト相	$4CaO \cdot Al_2O_3 \cdot Fe_2O_3$ (**C_4AF**)	小	小	小

表中の（　　）に示す記号は，セメントを取り扱う分野で用いられる独特の略記号であり，“**C**”は CaO，“**S**”は SiO_2，“**A**”は Al_2O_3，“**F**”は Fe_2O_3 を表す．

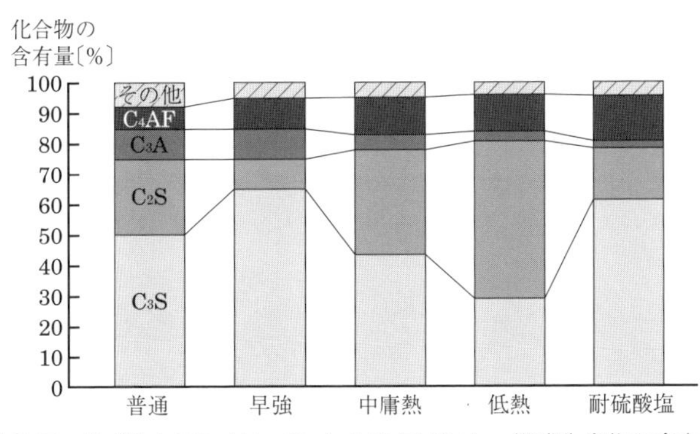

図 2·7　各ポルトランドセメント中のクリンカー構成化合物の含有量
（出典：セメントの常識，（一社）セメント協会）

・中庸熱（ちゅうよう）ポルトランドセメント：ビーライトを多くし，エーライトを減らすとともに，フェライト（C_4AF）を増し，アルミネート相（C_3A）を少なくして水和熱を低くし，長期強度が大きくなるようにする．

・低熱ポルトランドセメント：さらにビーライトを多くし，エーライトを減らすとともにフェライト相を増し，アルミネート相を少なくして水和熱をより低くする．

・耐硫酸塩ポルトランドセメント：フェライト相を多く含有させる．

中庸とはかたよらず常にかわらないことです．

このように，各ポルトランドセメントの性質は，**図 2·7** のようにそれぞれの特性が発揮されるように組成鉱物の含有

比率を変えているのである．

したがって，セメントは，**図 2･8** に示すようなコンクリートの用途によって，各セメントの性質が生かされるように，使用するセメントの種類を選定することが大切である．

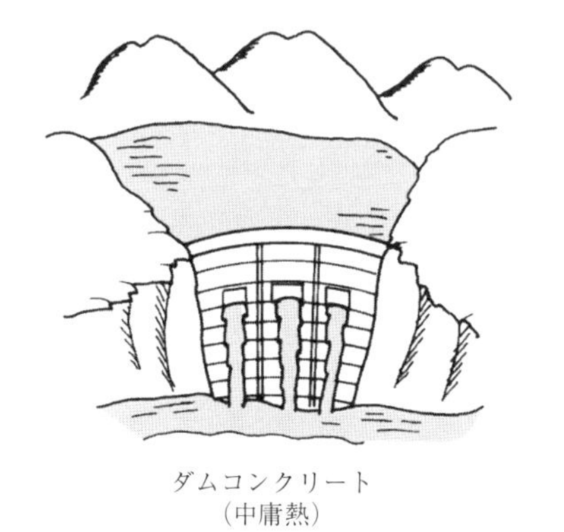

ダムコンクリート
（中庸熱）

下水管等の管きょ
（耐硫酸塩）

図 2･8　コンクリートの用途例とセメントの種類

管きょは，地中に埋められる管のことです．渠（きょ）とは，みぞを意味します．

4 石灰石が変身

ポルトランドセメントの製造

ポルトランドセメントの主原料として石灰石，粘土などを用いるが，わが国ではこれらの産出量が豊富で，かつ，品質の良いものが採取されている．これらの原材料を用いて生産されるポルトランドセメントは，わが国のセメント総生産量の約90％を占めており，一般にセメントといえば，ポルトランドセメントともいえよう．

ポルトランドセメントの製造工程（乾式法）を示したものが**図2·9**である．

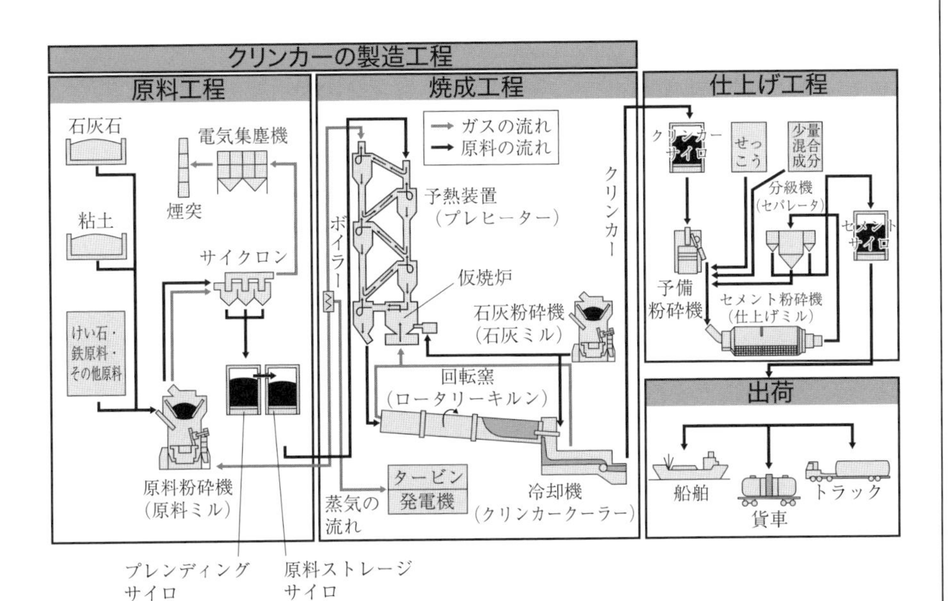

図2·9　ポルトランドセメントの製造工程（乾式法）（出典：セメントの常識，（一社）セメント協会）

ポルトランドセメントは，小豆粒大（1 cm 程度）の**クリンカー**（clinker）を製造して，次に石こうを加えて微粉砕して製造する．

クリンカーは，CaO，SiO_2，Al_2O_3，Fe_2O_3 を有する原料を適当な割合で混合したものを焼成してつくられる．クリンカーをつくるときの主原料を**表 2·3** に示す．仕上げ工程で用いられる**石こう**は水和反応を遅らせ凝結時間を調整するために加えられる．

表 2·3 ポルトランドセメントのクリンカーの主原料

原 料	クリンカー 1 t をつくるのに必要な量	摘 要
石灰石	約 1 200 kg	CaO 原料，一般に $CaCO_3$ の含有量 95%以上 $MgCO_3$ が過多なものは使用できない．
粘 土	約 270 kg	SiO_2，Al_2O_3 原料，頁岩，泥岩，粘板岩風化物など
軟質けい石 可溶白土	約 75 kg	粘土のみでは SiO_2 が不足する場合に用いられる
鉄さい，銅カラミ	約 25 kg	Fe_2O_3 を有する原料，粘土中の Fe_2O_3 では不足するので用いる．溶融点を下げる．
せっこう	39 kg	アルミネート相と反応して，水和反応を遅らせる働きがある．

1 t のクリンカーを製造するためには，焼成により炭酸ガス，水分，有機物などが失われるので，石灰石，粘土などの原料が約 1.5 t 必要になってくる．

このようにして生成したクリンカーの主要組成化合物は，前記したようなエーライト（C_3S），ビーライト（C_2S），アルミネート相（C_3A）およびフェライト相（C_4AF）などである．

クリンカーの製造方法として，乾式法（図 2·9）だけをここでは述べたが，わが国では大部分（90%）が乾式法で製造されているためである．その他の製造方法として湿式法がある．この方法は，製造工程において 40%程度の水を用いて焼成するもので，多量の水を使うために熱量の損失が大きいことが欠点である．

5 バラエティに富んでいます

ポルトランドセメントの種類

セメントは，コンクリートの原材料として，ダム，橋，擁壁（ようへき），ビルなど，さまざまな場所に使われる．それぞれの使用目的に応じてセメントの種類も非常に多く製造されている．ポルトランドセメントの種類を**表2·4**に示す．

表2·4　ポルトランドセメントの種類

ポルトランドセメント（JIS R 5210）	普通ポルトランドセメント 早強ポルトランドセメント 超早強ポルトランドセメント 中庸熱ポルトランドセメント 低熱ポルトランドセメント 耐硫酸塩ポルトランドセメント

ポルトランドセメントの種類による違いは，クリンカーの主要組成化合物であるエーライト（C_3S），ビーライト（C_2S），アルミネート相（C_3A），フェライト相（C_4AF）の量的割合により生じるものであり，表2·4に示したように，普通，早強，超早強，中庸熱，低熱，耐硫酸塩の6つのタイプに分けられる．

〔1〕普通ポルトランドセメント　多くの土木，建築などの建設工事現場において用いられている．セメントといえば一般的に普通ポルトランドセメントのことを指し，特別な条件がある場合以外では，このセメントを使用すればよい．したがって，使用量も多く，値段も他のセメントより安く購入できる．また，各種の混和剤（AE 剤など）を加えることで，コンクリートの性質の改善を図ることもできる．

〔2〕早強ポルトランドセメント　道路工事や寒中コンクリートなどで，早くコンクリートを硬化させるために使用するセメントで，普通ポルトランドセメントの材齢3日の圧縮強度を1日で発揮することができる．緊急工事，寒中における工事，コンクリート二次製品などに用いられる．しかし，水和熱が高くなるのでマスコンクリート（容積の大きい）に不適であり，また，養生を十分に行う必要がある．

〔3〕**超早強ポルトランドセメント**　早強ポルトランドセメントよりもさらに短時間で強度が得られるセメントで，普通ポルトランドセメントの7日の強度を1日で発揮することができる．緊急工事，寒中における工事，コンクリート二次製品，グラウト材（セメントと多量の水，あるいは混和剤，砂などを混ぜてつくられる）などに用いられる．しかし，当然水和熱が高くなるので，早強セメントと同様な注意が必要となる．

〔4〕**中庸熱ポルトランドセメント**　早強セメントとは対称的に，水和作用による発熱量が少なくなるようにしてあるもので，初期強度は小さくなるが，水和熱が低く体積変化が小さいので，ダム工事や大規模な土木工事において多量にコンクリート（マスコンクリート）を使うときに用いられる．

マスコンクリートは，ダムなどの大規模なコンクリート構造物に使用される体積の大きなコンクリートです．

〔5〕**低熱ポルトランドセメント**　中庸熱ポルトランドセメントよりさらに水和熱を低くしたもので，完成後の乾燥収縮による影響（ひび割れなど）を少なくする．初期の圧縮強さは低いが，長期強度は大きくなる．マス（大規模）コンクリートだけでなく，高流動コンクリート，高強度コンクリートに用いられる．

高流動コンクリートは，打設時の流動性を著しく高めたコンクリートです．

高強度コンクリートは，プレストレストコンクリート構造の橋梁やタンクなど通常よりも高い圧縮強度になるよう配合されたコンクリートです．

〔6〕**耐硫酸塩ポルトランドセメント**　硫酸塩に対する化学的抵抗性が大きいセメントで，温泉，下水管，海水，工場排水などに接するコンクリートに使用される．

〔7〕**低アルカリ形ポルトランドセメント**　今までに説明したポルトランドセメントのそれぞれに，セメント中の全アルカリ含有量（Na_2O に換算）が0.6%以下になるように，セメントの原材料を精選して製造したセメントで，各ポルトランドセメントの低アルカリ形としてアルカリシリカ反応を抑えるために使用されている．

しかし，この低アルカリ形ポルトランドセメントは，良質の粘土などの材料を精選するなど価格が高く，経済的なコンクリートとはいえず，あまり使用されていないのが現状である．したがって，この後で説明する混合セメントの使用や他のアルカリシリカ反応の抑制方法と合わせて，このセメントの使用について検討することが必要になる（p.121 参照）．

ポルトランドセメントの強度

セメントの諸性質の中で，モルタルによる圧縮強さ，曲げ強さが，コンクリートに結びつく重要なものであり，セメントの種類による圧縮強さの品質規格（**表 2·5**）は，次のようになっている．

表 2·5　セメントの品質規格（JIS R 5210：2009）〔抜粋〕

項目＼種類		ポルトランドセメント					
		普通	早強	超早強	中庸熱	低熱	耐硫酸塩
圧縮強さ〔N/mm₂〕	1 日	—	10 以上	20 以上	—	—	—
	3 日	12.5 以上	20 以上	30 以上	7.5 以上	—	10 以上
	7 日	22.5 以上	32.5 以上	40 以上	15 以上	7.5 以上	20 以上
	28 日	42.5 以上	47.5 以上	50 以上	32.5 以上	22.5 以上	40 以上

ここで，次の例題を通して，セメントの圧縮強さを計算してみよう．

〔例題〕

普通ポルトランドセメントの供試体をつくり，**図 2·10** のように圧縮試験を行った．試験機の目盛盤の表示から 40 000 N の値を得た．このセメントの圧縮強さを求め，品質規格値と比較せよ．ただし，材齢は 7 日とする．

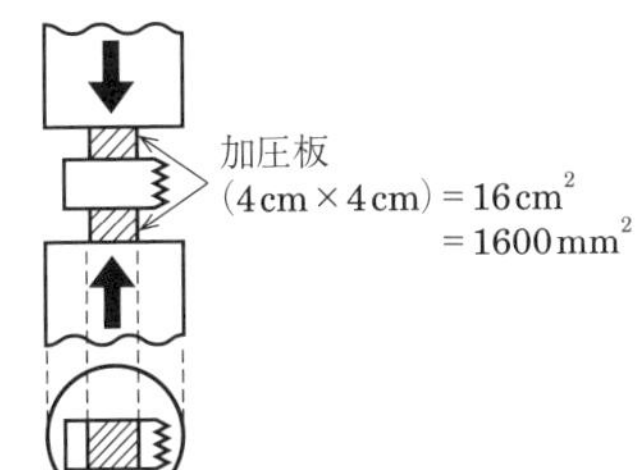

図 2·10　圧縮強さ試験

〔解答〕　圧縮強さ f'_c〔N/mm²〕$= \dfrac{破壊荷重\ P〔N〕}{加圧板の面積\ A〔mm^2〕}$ から求める．

$$f'_c = \frac{40\,000\ \mathrm{N}}{1\,600\ \mathrm{mm^2}} = 25\ \mathrm{N/mm^2}$$

普通，ポルトランドセメントの材齢 7 日の規格値は 22.5 N/mm² 以上であり，この試験に使用したセメントの品質は規格値以上なので合格といえる．

6 混合によりパワーアップ

混合セメントの種類

ポルトランドセメントに，さまざまな混合材，例えば高炉スラグ（製鉄所で高炉から出るスラグ），シリカ質混合材，フライアッシュ（火力発電所などの微粉炭燃焼ボイラーから出る廃ガス中に含まれている灰の微粉粒子をコットレル集じん機で補修したもの）などを混合したセメントがある．これらを総称して**混合セメント**と呼ぶ．なお，混合セメントはポルトランドセメントではなくクリンカー，せっこう，少量混合成分に混合材を加えて製造する方法もある．混合セメントの種類を**表 2·6** に示す．

表 2·6　混合セメントの種類

混合セメント	高炉セメント（A，B，C 種　JIS R 5211） (Portland blast-furnace slag cement)
	シリカセメント（A，B，C 種　JIS R 5212） (Portland pozzolan cement)
	フライアッシュセメント（A，B，C 種　JIS R 5213） (Portland fly-ash cement)

表 2·5 の A，B，C 種とは，それぞれ高炉スラグ，シリカ質混合材，フライアッシュの混合率による違いであり，それを**表 2·7** に示す．

表 2·7　A，B，C の種別

種別	高炉スラグの混合率〔質量%〕	シリカ質混合材およびフライアッシュの混合率〔質量%〕
A 種	5 を超え 30 以下	5 を超え 10 以下
B 種	30 を超え 60 以下	10 を超え 20 以下
C 種	60 を超え 70 以下	20 を超え 30 以下

このうち **B 種，C 種**の混合セメントはセメント量が少ないので，**アルカリシリカ反応の抑制対策**として使用される．

高炉セメントの特徴

高炉セメントにおける物理的性質は，以下に示すとおりである．

① 密度はポルトランドセメントより，いくぶん小さくなる．

② 初期強度の発現が遅く，ゆっくり固まるセメントなので初期の養生には十分な注意が必要である．

③ **図 2·11** に示すような海中コンクリートや下水管などに多く用いられる．これは，塩水，海水，下水などに対する化学的抵抗性が大きいためである．

港湾などにつくられる海中構造物（護岸など）

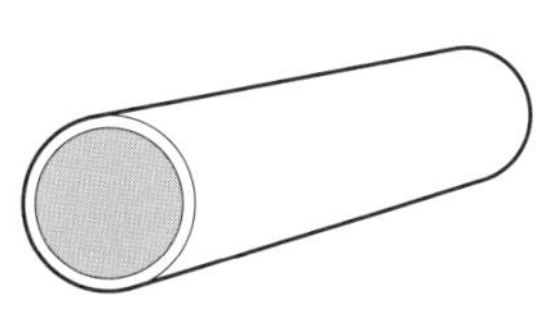

下水管

図 2·11　高炉セメントの用途図

シリカセメントおよびフライアッシュセメントの特徴

シリカセメントおよびフライアッシュセメントの物理的性質は，以下に示すとおりである．

① 密度はポルトランドセメントより，いくぶん小さくなる．

② 水密性の高いコンクリートをつくることができるので，ダムや港湾施設などに多く用いられる．

③ このセメントは長期間湿潤養生が行えるときに長所が発揮できるもので，**図 2·12** に示すような水理構造物に適している．

水理構造物とは海や河川などに接する土木施設のことです．

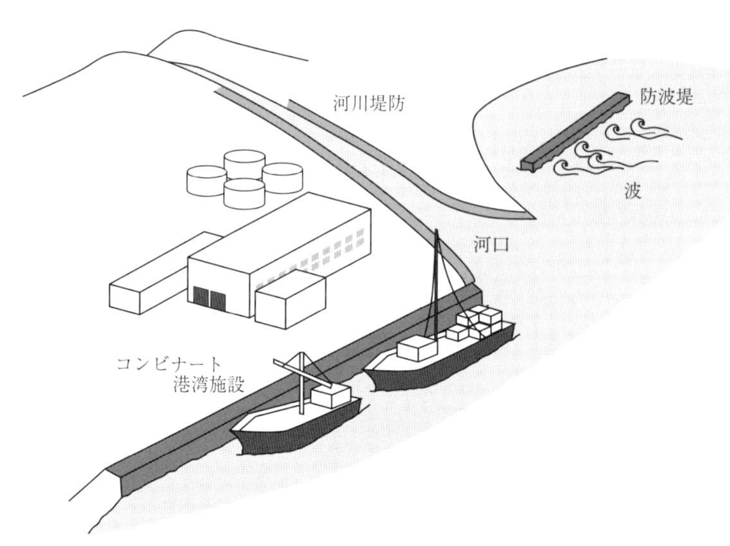

図 2·12　シリカおよびフライアッシュセメントの用途

エコセメントの種類と特徴

エコセメントは，廃棄物のリサイクルを目的として製造されるセメントで，ごみ焼却灰や下水汚泥などからつくられる．

普通ポルトランドセメントと同様の性質をもつ**普通エコセメント**と速硬性がある**速硬エコセメント**の 2 種類がある．どちらも，焼却灰等に含まれる塩化物イオンの量を減らすような工夫がされている．

7 錆びない，溶けない，腐らない

特殊セメントと呼ばれるものに，**アルミナセメント**と**超速硬セメント**がある．ここでは，これらのセメントの製造や物理的性質について説明する．

アルミナセメントの製造工程

アルミニウムの原料は，ボーキサイトである．このボーキサイトに石灰石を粉砕して調合し，電気炉または反射炉で溶融，冷却したのち，微粉砕したものをアルミナセメントと呼び，このような製造法を**溶融法**という（**図 2·13**）．アルミナセメントの製造法には，このほかに回転窯で焼成して製造する焼成法もある．

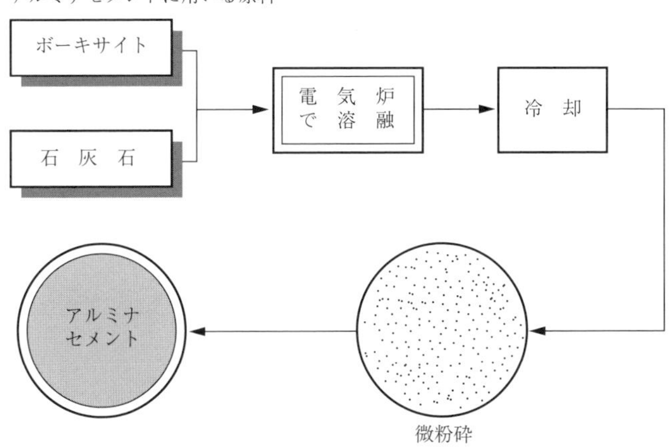

図 2·13 アルミナセメントの製造工程

アルミナセメントの物理的性質

アルミナセメントは，ポルトランドセメントに比べて次のような特徴がある．

① 酸，塩類，海水などの化学的抵抗性が大きい．

② 超早強性である．練り混ぜ後 6 ～ 12 時間で，普通ポルトランドセメントの材齢 28 日程度の強さを発現する．

③ 寒中コンクリートに適しているが，暑中コンクリートとしての使用は避けるべきである．

④ 凝結，硬化速度が温度によって著しく異なり，20℃以上の温度では，反応が著しく遅延する．

⑤ 耐火性に優れている．

以上の特徴を生かし，応急的な工事や寒冷時期の工事などに使用される．

超速硬セメント

超速硬セメントは，凝結，硬化時間を自由に変えられるセメントである．超早強性を必要とする滑走路の夜間補修，吹付けコンクリートやグラウトなどに使用されている．

吹付けコンクリートとは圧縮空気を利用して施工面（トンネルや山の斜面）に吹き付けるコンクリートです．

グラウトとは，コンクリートや岩盤のひび割れに注入されるセメントペーストや，モルタルのことです．
水密性を高めるとともに，鋼材の腐食を防止します．

超速硬セメントの製造工程

超速硬セメントは，**図 2·14** に示すような材料および工程でつくられる．ここで，クリンカー中に適量の遊離酸化カルシウム，鉄化合物，硫酸塩などが含まれていると，良好な性質を示す．

超速硬セメントの物理的性質

超速硬セメントは，名前のとおり超速で硬化するもので，しかも長期にわたって安定した強度増進を示すセメントである．物理的性質をまとめると次のようになる．

① 初期および長期強度ともに大きい．

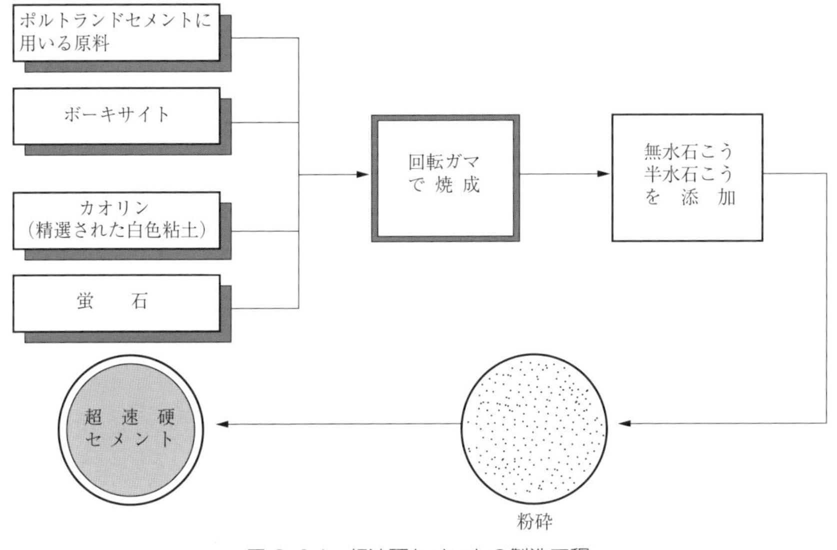

図 2·14　超速硬セメントの製造工程

② セメントの凝結時間が超速硬であり，練り混ぜ後 3 時間の強度は約 9.8 N/mm^2 にも達する．この値は，普通ポルトランドセメントの約 3 ～ 5 日後の強度に相当する．したがって，コンクリートの打込みに要する時間も 30 分以内とし，表面仕上げに注意することが必要になる．

③ 長期にわたって性質の変化が少なく，安定している．

ポルトランドセメントとの比較

特殊セメントは，原料も製造方法もポルトランドセメントとは異なるが，具体的にポルトランドセメントとどのように性質が異なるのかを見てみよう．このことは，特殊セメントの特性を表すことにもなる．

〔1〕凝結時間の比較

表 2·8 セメントの種類と凝結時間

セメントの種類	凝結時間（時－分）	
	始　発	終　結
普通ポルトランドセメント	2 － 40	3 － 40
超早強ポルトランドセメント	1 － 30	2 － 30
中庸熱ポルトランドセメント	4 － 00	5 － 20
アルミナセメント	2 － 20	4 － 00
超速硬セメント	0 － 10	0 － 15

始発：セメントに水を加えて練ってから，水和作用で固まり始めるまでの時間.

終結：水和作用が進み，一定の圧縮力に耐えられるまでの時間.

〔2〕曲げ強さの比較

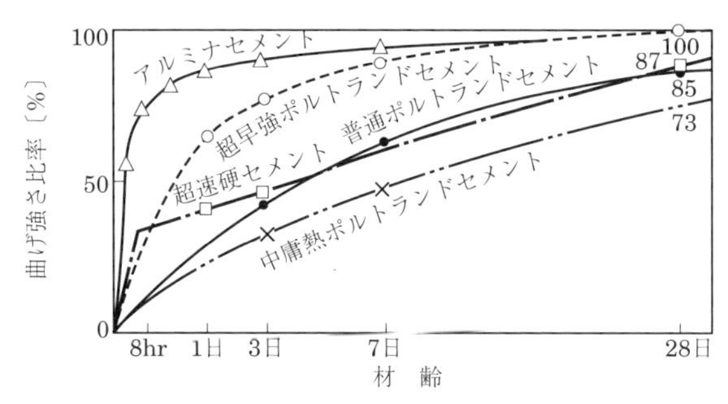

図 2·15 セメントの種類と曲げ強さ

〔3〕圧縮強さの比較

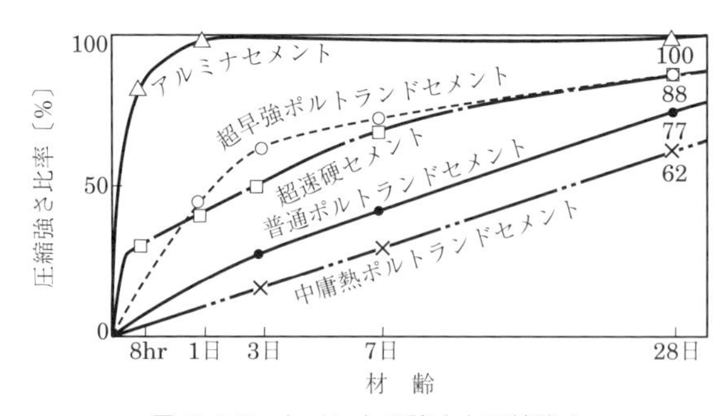

図 2·16 セメントの強さと圧縮強さ

各種セメントの凝結時間，曲げ強さ，圧縮強さについて比較してみた．この結果から，およそ次のことがいえる．

⑴ **凝結時間**　中庸熱ポルトランドセメントは，凝結時間が遅く，固まり始めた初期の水和熱の発生量が少ないという性質を表している．アルミナセメントは，温度による影響が大きく，20℃以上になると著しく遅延する．超速硬セメントは，一定の強さを発揮するまでの時間が超速であり，滑走路の夜間補修などに使用される．

⑵ **曲げ強さ・圧縮強さ**　この比較グラフからみるかぎり，曲げ強さ・圧縮強さともアルミナセメントの超早強性がわかる．また，他のセメントは，それぞれの性質を表している．28日強度はグラフ内に数値で示したが，さらに長期的な数値はそれほど差はなく，要はその強さを発揮するまでの時間の速いか遅いかがそのセメントの特性となる．

2章のまとめ問題

【問題1】 セメントを貯蔵することにおいて，品質の劣化，特に（　①　）に注意しなければならない．

【問題2】 セメントの強さ試験は，コンクリートに近い（　①　）で試験する．

【問題3】 ポルトランドセメント製造時に加えられる（　①　）は，水和反応を遅らせる働きがある．

【問題4】 ポルトランドセメントの主成分は（　①　），（　②　），（　③　），（　④　）である．

【問題5】 クリンカーの主要構成化合物は（　①　），（　②　），（　③　），（　④　）である．

【問題6】 ポルトランドセメントの種類は（　①　），（　②　），（　③　），（　④　），（　⑤　），（　⑥　）である．

【問題7】 混合セメントの種類は，（　①　），（　②　），（　③　）である．

【問題8】 混合セメントは，A種，B種，C種があるが，このうちアルカリシリカ反応の抑制対策として使用されるものは，（　①　）と（　②　）である．

【問題9】 （土木施工管理技術検定試験対策問題）

セメントに関する次の記述のうち，適当でないものはどれか．

(1)　セメントの強さ試験に用いる砂は，示方書により標準砂を用いる．

(2)　早強ポルトランドセメントの水和熱の発生量は，中庸熱ポルトランドセメントと大体同じである．

(3)　アルカリシリカ反応を抑制する方法としては，低アルカリ形ポルトランドセメントを使用する．

(4)　混合セメントのB種，C種には，アルカリシリカ反応を抑制する効果もある．

3章

骨材と水の働き

骨材とは，コンクリートに用いる砕石や砂利・砂などのことである．特に，この骨材は，コンクリートの全容積の 65～80%を占めるもので，骨材の品質や性質がそのままコンクリートの品質，性質を左右することになる．

骨材は，天然産出をして，山や川でとれるものがある．これらは産出する場所によって，密度，吸水量，単位容積質量など骨材としての性質などが大きく異なってくる．

この章では，これらの骨材がコンクリートに占める働きを考えながら，どのようにすれば良いコンクリートがつくれるのかということを説明し，コンクリート材料としての骨材の基礎を学ぶ．

1

購入上手は経済的

骨材の購入

コンクリートの中で，砕石や砂利・砂などの骨材は，互いにどこかで接していて，コンクリートの骨格のような重要な働きをしている．また，コンクリートの中で占める割合も多く，コンクリートの性質や経済性などに大きく影響する．

そのために，骨材の**購入**や**貯蔵**に当たっては，慎重に配慮することが必要である．

骨材購入のポイント

骨材を購入する際には，製造会社から次の項目についての試験成績などを提示してもらい，それをもとに検討すると当時に，必要があれば購入者側でも**骨材試験**を行うなどして，慎重に購入先を選択すべきである．

また，購入に当たっては，輸送ルートなども含め，経済性についても配慮することが大切である．

骨材試験

① 密度および吸水率試験

② ふるい分け試験

③ 洗い試験

④ すり減り試験

⑤ アルカリシリカ反応性試験

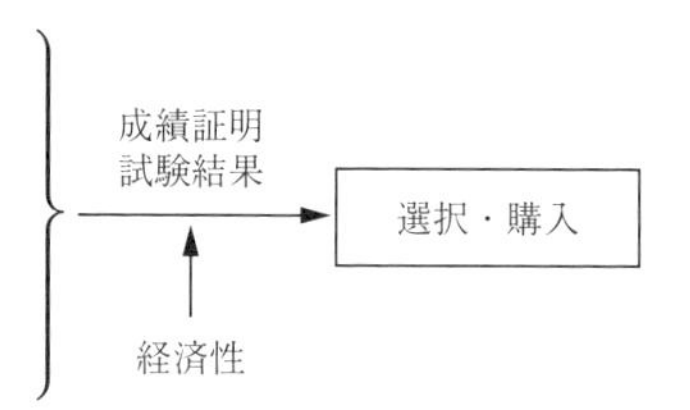

骨材試験のうち，アルカリシリカ反応性試験は，アルカリシリカ反応を起こしやすい骨材かどうかを判定するもので，反応しない骨材の区分をA，反応する骨材と試験をしていない骨材の区分をBとする．生コンの購入時に，区分Bの骨材を使用する場合は，アルカリシリカ反応の抑制方法を協議することになっている（p.121，133参照）．

骨材の貯蔵

骨材は，砂などの細骨材や砂利などの粗骨材を別々に貯蔵する．特に，粗骨材においては，粒径の大きさ別に貯蔵することができれば，使用しやすくなる（**図3·1**）．

また，貯蔵において，ごみ，雑物などの混入がないようにし，特に細骨材において表面水がなるべく一定になるように貯蔵するようにする．前者における対策としては，貯蔵設備の下に排水溝を設け，そして天候による表面水の変化を少なくするために，上部をビニールやキャンバスなどでおおっておくことが適当である（**図3·2**）．

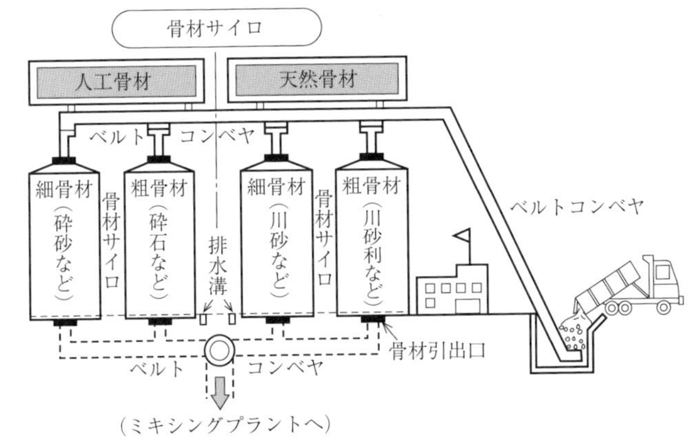

図3·1　骨材の貯蔵方法（1）

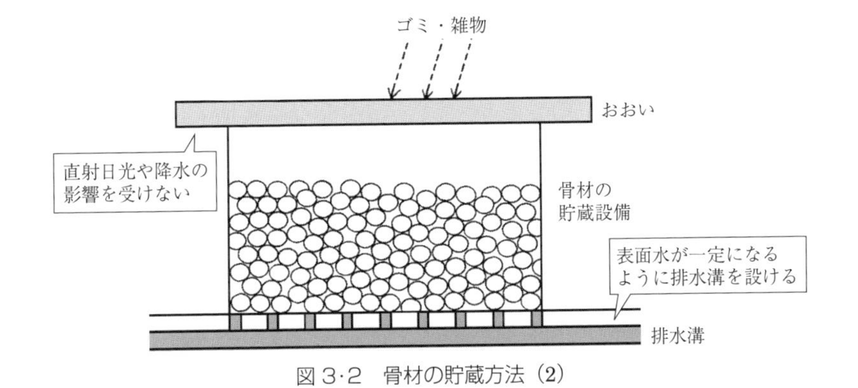

図3·2　骨材の貯蔵方法（2）

2 生まれはどこなの

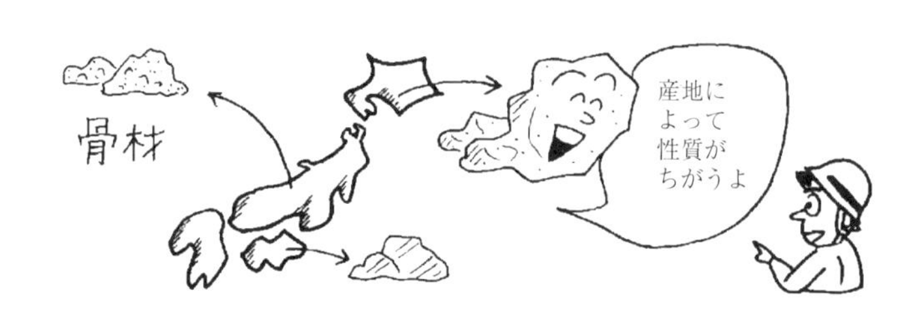

骨材の性質

骨材中に，シルトや粘土など，コンクリートに有害な物質が含まれていると，それらが表面に出て，強度や耐久性を損なうことがある．そのために，粗骨材，細骨材の密度や吸水量を測定し，その結果，密度が大きければ強度は大きく，吸水量が大きければ凍結による耐久性などが弱いことがわかる．

また，コンクリートは，砂，砂利，セメント，水，その他混和材などから成り立っている．この中で，骨材と呼ばれる砂，砂利の量は，全コンクリート中に占める容積の相当な割合となるので，骨材の性質がコンクリートに与える影響は，非常に大きなものになってくる．

骨材の分類

骨材は，**表 3·1** のように，天然のものと人工のものとに分類される．

表 3·1　骨材の分類

天然骨材	川砂，川砂利，海砂，海砂利，山砂，山砂利，天然軽量骨材
人工骨材	砕砂，砕石，スラグ砕砂，スラグ砕石，人工軽量骨材，人工重量骨材，再生骨材

所要の品質のコンクリートを経済的につくるためには，良質な川砂，川砂利などの骨材を用いるのが一般的である．また，高炉スラグを加工したもの，人工的につくられた骨材，コンクリート塊を破砕した再生骨材なども使用されている．しかし，近年では，コンクリートの生産量の増大や，良質な河川産骨材の枯渇によって，品質の劣る骨材や，砕石，海砂，山砂などの使用を余儀なくされている．

このような骨材の使用によって，いままであまり事例のなかった，コンクリートの**アルカリシリカ反応**や，**中性化**および**塩害**などの被害がでて，大きな社会問題としてクローズアップされてきている．すなわち，土木構造物は半永久的なものであると一般には考えられているが，完成して半年や 1 年でひび割れが発生したり，コンクリート中の鉄筋などの腐食により，土木構造物や建物に重大な被害がでてきているのである．このうち，アルカリシリカ反応については既に学んでいるので，ここでは中性化と塩害について説明しよう．

中性化と塩害

中性化と塩害によって鉄筋が腐食し，コンクリートが破壊していくメカニズムは**図 3·3** のようになっている．

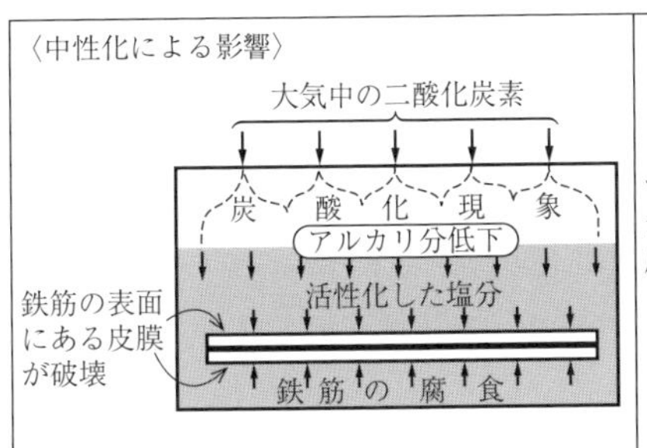

コンクリートの炭酸化現象によって，アルカリ分が低下することを**中性化**という．中性化が進行すると，強アルカリ分によってつくられた鉄筋表面の皮膜が破壊されると同時に塩分も活性化し，鉄筋の腐食が始まる．

〈塩害による影響〉

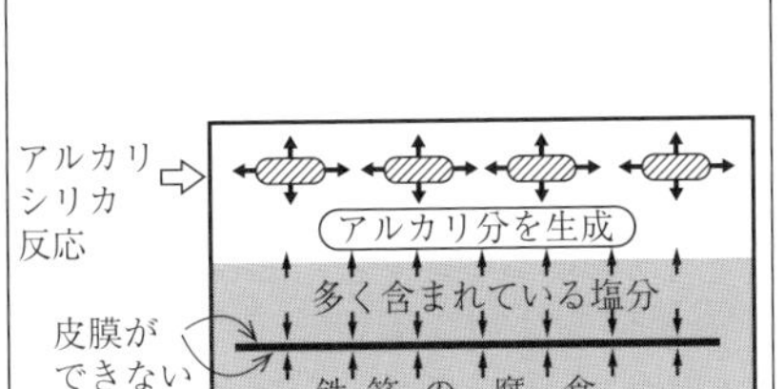

コンクリートに限界基準以上の塩分が含まれていると，鉄筋表面には皮膜ができず，多い塩分によって鉄筋の腐食がどんどん進行する．また，この塩分はアルカリ分を生成し，アルカリシリカ反応にも加担することになる．

図 3·3　中性化と塩害

このように，コンクリートの中性化や塩害による影響は，いずれも塩分がかかわっているので，海水や海砂の使用については十分に配慮する必要がある．

3 砂と砂利の線引きは

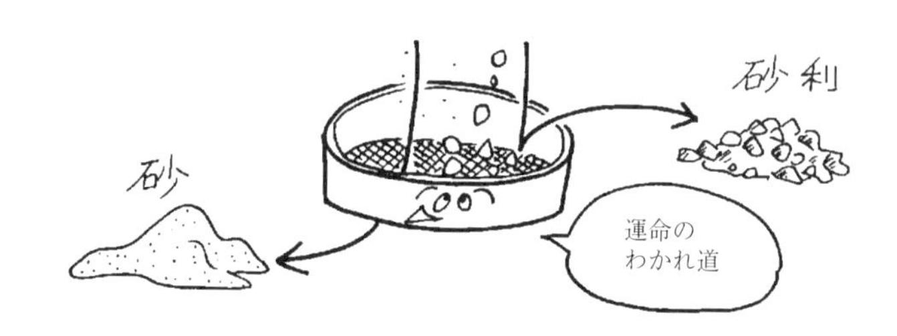

細骨材，粗骨材とは

一般的に，砂や砂利と呼ばれている骨材は，コンクリートの各材料の使用量を決める配合設計では，5 mm ふるいを通過するものを**細骨材**，5 mm ふるいにとどまるものを**粗骨材**と分類している．この分類によって，細骨材や粗骨材などの使用量を決めた配合を**示方配合**という．

しかし，実際の現場にある骨材は大小の粒径のものが混じっているので，細骨材や粗骨材は実用上**図 3·4** のように分類しており，これによって決められた配合を**現場配合**という．コンクリートの配合については第 4 章で詳しく説明する．

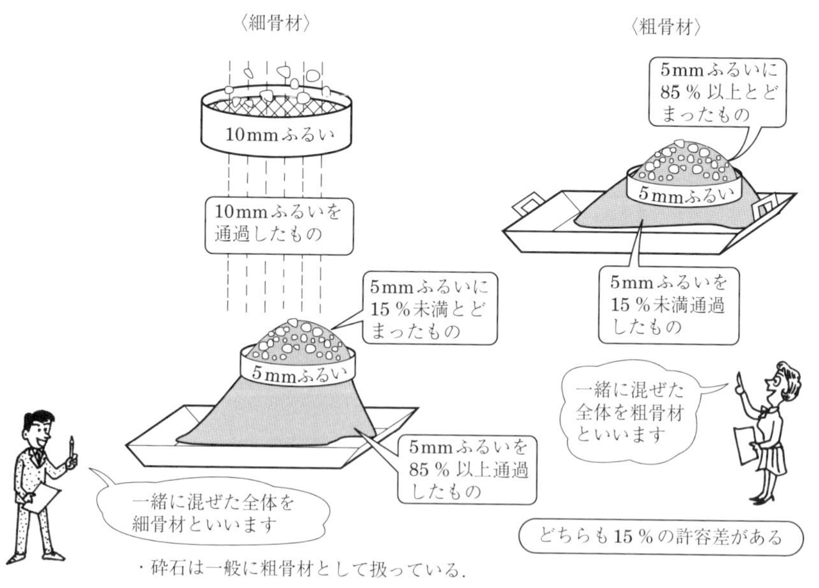

図 3·4　実用上の骨材の分類

好ましい骨材

コンクリートの強度を調べるためには，供試体を作製し，圧縮試験や曲げ試験を行う（p.124 参照）．ここで，**図 3·5** のように，圧縮試験で破壊した供試体の切断面を観察しながら，コンクリート中でどんな骨材が好ましいのかを見てみよう．

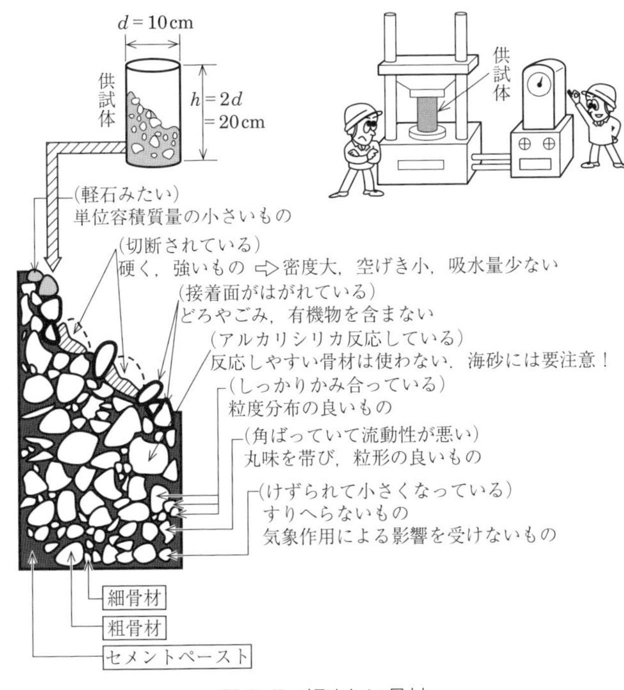

図 3·5　好ましい骨材

図 3·5 からもわかるように，良質なコンクリートをつくるには，骨材が好ましい性質を持っていることが必要になる．この後，主な好ましい性質について説明していく．

4 水量による表情の変化は

骨材の含水状態

骨材には，乾燥していて握ってもまったく固まらない状態と，湿っていて握ると固まるものがある．このように，同じ骨材でも，水を含んでいるときと含んでいないときとでは，まったく異なった状態になる（**図 3·6**）．

図 3·6　乾いた砂と湿った砂

すでに説明したように，コンクリートの強度に水量は大きな影響を与える．このことからも骨材の含水状態を知ることは，非常に大切なことである．

そこで模式的に，1 個の骨材の表面や内部に付着あるいは吸収されている含水状態を図示（**図 3·7**）してみると，次のように 4 つに区別できる．

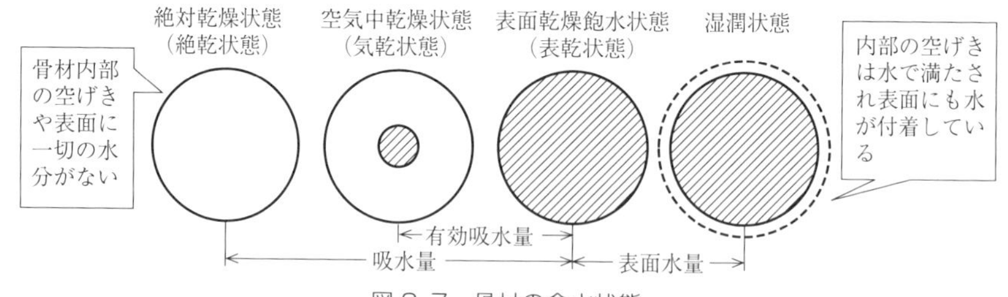

図 3·7　骨材の含水状態

① 絶対乾燥状態（絶乾状態）

100 ～ 110℃の温度の乾燥炉で，一定質量になるまで乾燥させ，骨材が内部の空げきも含めてまったく水を含んでいない状態.

② 空気中乾燥状態（気乾状態）

空気中で自然乾燥した状態で，表面の付着水がなく，内部の水も飽和していない状態.

③ **表面乾燥飽水状態（表乾状態）**

表面は付着水を取り除いて乾燥させ，内部の空げきはすべて水で飽和されている状態で，コンクリートの配合設計ではこの状態を基本としている.

④ 湿潤状態

内部は水で飽和され，表面にも付着水がある状態.

また，図3·7からもわかるとおり，骨材の含水状態には吸水量と表面水量があり，この2つを加えたものを骨材の含水量という.

吸水量とは，骨材内部の空げき中を水分で満たしている状態の水量をいい，さらに，骨材の表面に付着している水量を，表面水量という.

これらの骨材の含水状態は**図3·8**のようにして得られる.

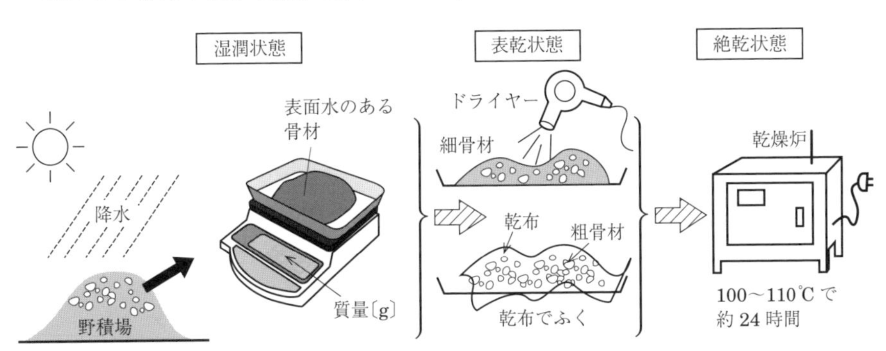

図3·8　骨材の含水状態のつくり方

表面水率
吸水率

表面水量が多い骨材を用いてコンクリートを練るときには，示方配合で求めた使用水量から表面水量分を差し引かないと，水分が多く，材料が分離し，弱いコンクリートがつくられてしまう．表面水量がどの程度あるのかを求めた値を**表面水率**という．また，吸水量の多少の程度を示す**吸水率**は，骨材内部の空げきの量を示しており，骨材の品質の良否を表している．JISでは，コンクリート用砕石の吸水率を3%以下と規定している.

5

良い骨材，密度も大切

骨材の密度

図 3·9（a）に示す体積 V，質量 W の骨材において，密度は次式のように求められる．

$$
密度 = W/V 〔g/cm^3〕
$$

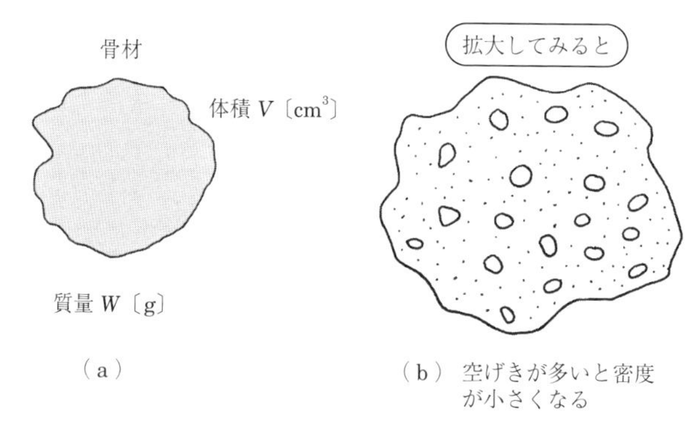

（a）

（b）空げきが多いと密度が小さくなる

図 3·9 骨材の密度

骨材を拡大して観察してみると，図 3·9（b）に示すように多くの穴があいている．これは軽石（かるいし）と呼ばれるものを例にとるとよくわかると思う．軽石は，地下のマグマが地表に出て急激に冷やされたために，固まるときに内部から空気が出て，たくさんの**空げき**ができたものである．これほど極端ではないが，砂利や砂の粒に前に述べたように，多くの空げきがある．

骨材の内部に空げきが多いと，当然強度が弱くなり，好ましい骨材とはいえない．空げきの多少の程度を知る目安に密度が使われる．骨材の内部に空げきが多いと，単位体積（1 cm^3）当たりの質量は小さく，密度も小さくなるからである．

一般に，骨材の密度は，内部の空げきはすべて水で飽和され表面は乾燥させた表面乾燥飽水状態での質量と体積を測定して求める．

骨材の密度の求め方

骨材の密度を密度試験によって求めるには，**図 3·10** のように表面乾燥飽水状態の骨材の質量 W と体積 V を測定することになる．測定にはフラスコを用いる．

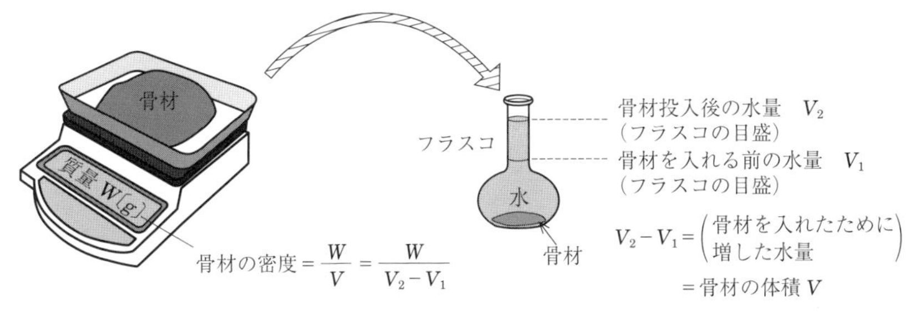

図 3·10　骨材の密度の求め方

骨材の密度は，一般的に次のような値になる．

・細骨材：2.5 ～ 2.65 g/cm^3 ＝ 2500 ～ 2 650 kg/m^3

・粗骨材：2.55 ～ 2.70 g/cm^3 ＝ 2550 ～ 2 700 kg/m^3

骨材の密度は，コンクリートをつくるうえで，いろいろと重要な役を果たしており，具体的には次のように利用されている．

①　配合設計に用いる（第 4 章参照）．

・コンクリート 1 m^3 中の骨材の占める容積を求める．

・コンクリートの単位容積質量（1 m^3 の質量）の目安となる．

②　骨材の良否の目安となる．

一般的に，骨材の密度の大きいものほど空げきが少なく，強度が大きいといえる．

6 粒度の良さをみよう

粒　度

骨材の大小の粒が混合している程度のことを**粒度**といい，粒度の良い骨材とは，大小の粒が適度に混合しているものである．粒度の良い骨材を用いると，所要のコンクリートを得るための単位水量を少なくすることができる．

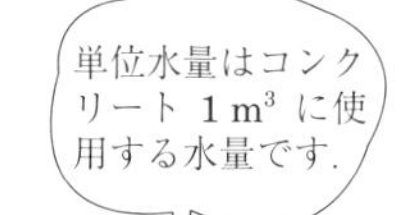

単位水量はコンクリート 1 m³ に使用する水量です．

粒度は，**図 3·11** に示すような，JIS A 1102 で規定されているコンクリート用網ふるいを用いる**骨材のふるい分け試験**によって求めることができる．

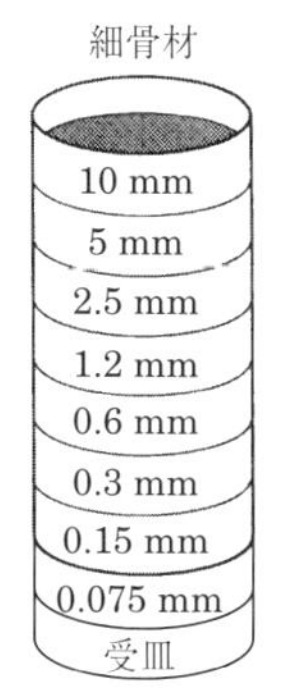

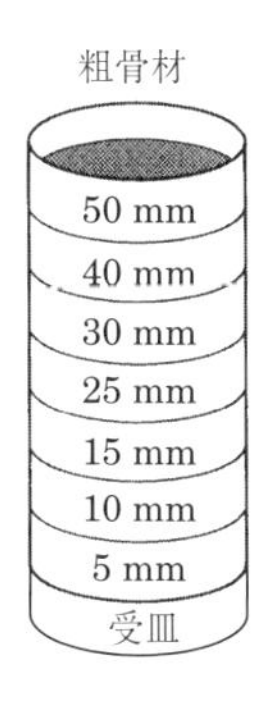

図 3·11　細骨材と粗骨材に使用するふるい

骨材のふるい分け試験

骨材の粒度は，定められた質量の細骨材・粗骨材をそれぞれ一組のふるいでふるい分けを行い，各ふるいを通過する質量百分率を求め，**図 3·12** のような**粒度曲線**で表すのが一般的である．

さらに，粒度の分布状態などを数値的に示したものに，**粗粒率**と**粗骨材の最大寸法**がある．

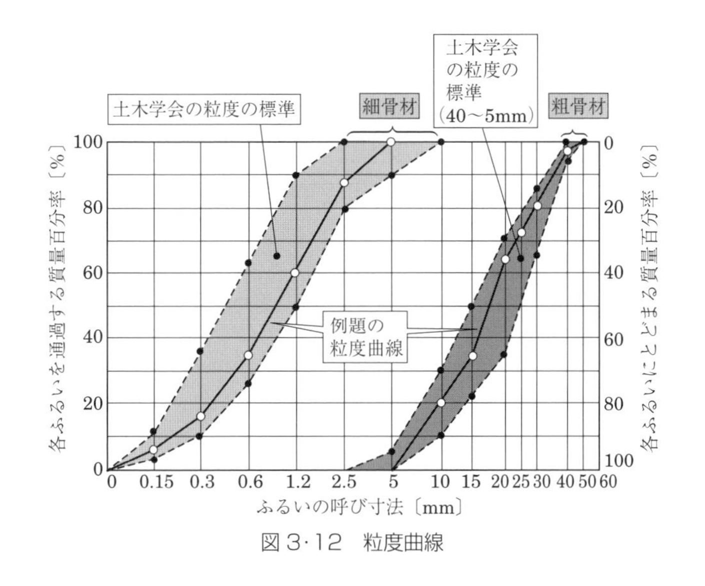

図 3·12 粒度曲線

粗粒率

粗粒率は，ふるいの呼び寸法が 80，40，20，10，5，2.5，1.2，0.6，0.3，0.15 mm という組み合わせの定まっているふるいを一組としてふるい分けを行い，各ふるいにとどまる骨材の質量百分率の和を 100 で割った値をいう．粗粒率は FM（fineness modulus）という記号が用いられる．**粒径の大きい骨材が多いと粗粒率の値は大きくなる**．良好な粒度の粗粒率は，**細骨材で 2.3 〜 3.1**，**粗骨材で 6 〜 8** なので，粗粒率から使用する骨材の粒度の良否を判断できる．

粗骨材の最大寸法

粗骨材の最大寸法は，図 3·11 のふるいを用いてふるい分けを行い，**質量で 90%以上通過するふるいのうち，最小のふるいの呼び寸法で表す**．この値はコンクリートの配合設計や生コンの注文，鉄筋コンクリートのかぶりなどに用いる重要な値である．

粒度曲線や粗粒率，粗骨材の最大寸法の求め方を次の例題で見てみよう．

かぶりとはコンクリートの表面からコンクリート中に入っている鉄筋までの最短距離をいいます．

〔**例題**〕表のような一組のふるいを用いて，細骨材と粗骨材のふるい分け

試験を行った．粒度曲線および粗粒率，粗骨材の最大寸法を求め，この骨材の粒度の良否を判定せよ．

一組のふるいにとどまる累計質量百分率

細骨材

ふるいの呼び寸法〔mm〕	10*	5*	2.5*	1.2*	0.6*	0.3*	0.15*	0.075
累計百分率〔%〕	0	0	13	40	65	85	95	100

粗骨材

ふるいの呼び寸法〔mm〕	50	40*	30	25	20*	15	10*	5*	2.5*	1.2*	0.6*	0.3*	0.15*
累計百分率〔%〕	0	2	18	26	38	66	80	100	100	100	100	100	100

〔解答〕

① 粒度曲線は，表の各ふるいの呼び寸法ごとの百分率を図表上にプロットし，各点を図 3·12 のように結んだ線が**例題の粒度曲線**となる．この粒度曲線が，**土木学会の粒度の標準**の範囲（2 本の破線に囲まれた部分．p.75 参照）内にあれば良好な粒度といえる．万一はみ出した場合は，その部分の粒径の骨材を補充すれば良好な粒度となる．この例題の骨材の粒度は，細骨材・粗骨材とも良好といえる．

② 粗粒率の計算は，試験方法で定まっている＊印のふるいにとどまる質量百分率から，次のように計算して求める．

$$\text{細骨材の FM} = \frac{13+40+65+85+95}{100} = 2.98 \Rightarrow (2.3 < \text{FM} < 3.1)$$

$$\text{粗骨材の FM} = \frac{2+38+80+100\times 6}{100} = 7.20 \Rightarrow (6 < \text{FM} < 8)$$

この例題の骨材の粒度は，粗粒率からも良好といえる．

③ 粗骨材の最大寸法は，質量で 90％以上通過するふるいのうち，最小の呼び寸法で表すので，表から見ると各ふるいを通過した割合（%）は

20 mm ⇨ 62％，25 mm ⇨ 74％，30 mm ⇨ 82％，40 mm ⇨ 98％，50 mm ⇨ 100％となる．寸法が 40 mm 以上のふるいが 90％以上通過するが，このうち最小のふるいの呼び寸法は 40 mm となる．したがって，例題の粗骨材の最大寸法は 40 mm である．

7 空げきが影響，規準の重さ

骨材の単位容積質量

骨材の単位容積質量とは，空気中乾燥状態（気乾状態）における骨材の $1m^3$ 当たりの質量をいう．この値は，密度，粒度，含水量，容器への投入方法によって異なる．

単位容積質量は，コンクリートを練るときに，骨材を容積ではかり，質量に換算するときに必要となる．また，粗骨材の単位容積質量は，舗装用コンクリートの配合設計において，単位粗骨材容積を決めるときに必要なものである．骨材の単位容積質量の値は大体次のようである．

細骨材：1 450 ～ 1 700 kg/m^3，粗骨材：1 550 ～ 1 850 kg/m^3

また，単位容積質量から空げき率を求め，骨材の品質を知る目安とする．空げき率が小さいと，コンクリートをつくるときにセメントペーストの量が少なくてすみ，経済的なコンクリートができる．なお，空げき率は次式により求められる．

$$\text{空げき率} = \frac{\text{固体単位容積質量} - \text{単位容積質量}}{\text{固体単位容積質量}} \times 100\ [\%]$$

ここで，固体単位容積質量とは，空げきがないとしたときの単位容積質量で，骨材の密度×1 000 で求めた値である．なお，空げき率と実績率の関係は，**図 3·13** に示したようになる．

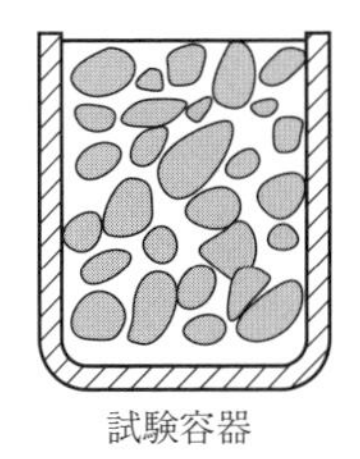

空げき率：試験容器の中で占める空げきの割合
（細骨材で30～45%，粗骨材で30～40%）
実 績 率：試験容器の中で占める骨材の割合
（100－空げき率）

図 3·13　空げき率と実績率

8 いろいろなものがあります

砕　石

砕石とは，読んで字のとおり，大きな石を細かく砕いたものである．**図 3·14** に示すように，川砂利は水の侵食作用によって，形状的に丸っぽくなり，表面が滑らかである．それに比べ砕石は，大きな石を砕くために，粒形がとがったものになり，表面組織が異なっている．また多少，風化した岩石が混入しやすいことがある．砕石は一般に粗骨材として扱い，細骨材に相当する 5 mm 以下のものを**砕砂**という．

図 3·14　川砂利と砕石の形状

砕石コンクリートの性質

砕石は，川砂利と異なり粗い表面組織をもっており，また，とがった形状のために単位水量が川砂利を用いたコンクリートよりも多くなる．しかし，セメントペーストとの付着が良くなるために，**表 3·2** に示すように，普通の砂利コンクリートと同じくらいの強度を出すことができる．

表 3·2　砕石を用いたコンクリートの強度比

	圧　縮	引張り	曲　げ
W/C スランプ一定	1.20 ～ 1.35	1.05 ～ 1.32	1.14 ～ 1.25
セメント量・スランプ一定	0.95 ～ 1.10	1.03 ～ 1.11	1.03 ～ 1.09

軽量骨材

石には軽石と呼ばれるものがある．風呂場で足の裏を洗うときなどによく用いられるものである．この軽石は，同じ容積の石に比べて質量が非常に軽い．石をよく観察するとわかるのだが，表面に多くの空げきがあり，そのために他の石と比べ軽くなっている（**図 3·15**）．

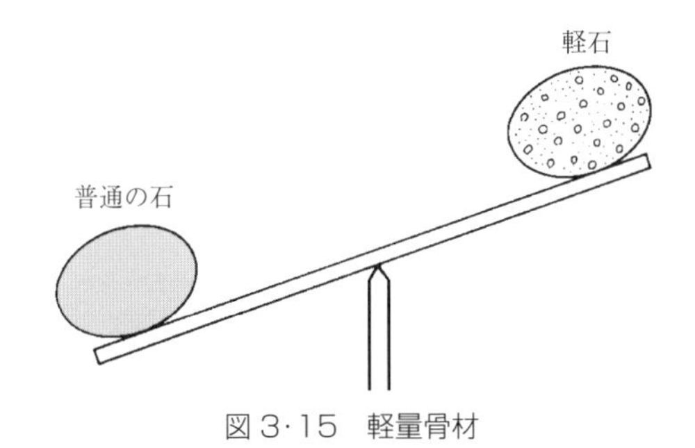

図 3·15　軽量骨材

コンクリートに用いる軽石のような骨材を**軽量骨材**と呼ぶ．軽量骨材には，天然のものと人工のものがある．わが国では，土木構造物に用いられる軽量骨材は，膨張頁(けつ)岩系などの**人工軽量骨材**に限られている．軽量骨材を材料により区分すると**表 3·3** のようになる．

表 3·3　材料による区分（JIS A 5002）

種　類	材　料
人工軽量骨材	膨張けつ岩，膨張粘土，膨張スレート，フライアッシュを主原料としたもの
天然軽量骨材	火山れきおよびその加工品
副産軽量骨材	膨張スラグなどの副産軽量骨材およびそれらの加工品

また，国産の人工軽量骨材を使ってつくるコンクリートは，軽くて高強度のものをつくることができる．コンクリートの密度が 1.5 ～ 2.0 t/m^3（普通のコンクリートの密度は 2.3 ～ 2.5 t/m^3）で軽く，強度もかなり大きくなる．たとえば，高強度フライアッシュ人工骨材（HFA 骨材）は，吸水率が低く高強度が得られ，普通の骨材と同様の品質をもつ軽量骨材である．

9 高炉スラグが入れば

高炉スラグ

高炉スラグを用いた骨材には，高炉スラグ粗骨材と高炉スラグ細骨材がある．それぞれについて考えてみよう．

高炉スラグ粗骨材は，**図 3·16** に示すように，高炉スラグを空気炉で徐冷硬化させたのち，破砕，整粒したものである．

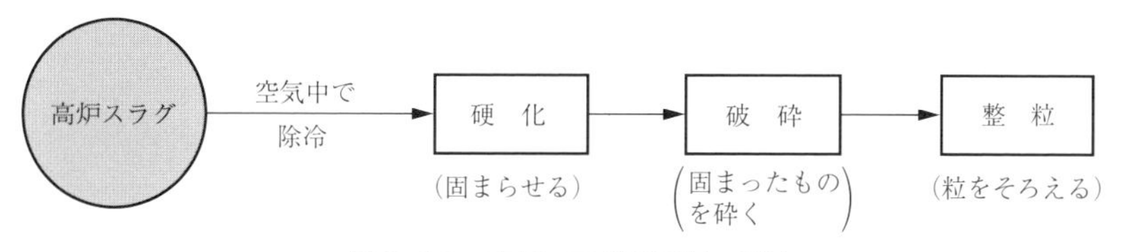

図 3·16　高炉スラグ粗骨材の製法

高炉スラグ粗骨材は，JIS A 5011「高炉スラグ粗骨材」に規定されている．このJIS 規格によれば，密度，吸水率，単位容積質量により，**表 3·4** に示すように区分される．通常は N 区分の高炉スラグ粗骨材を用いるが，設計基準強度が 21 N/mm^2 未満で耐凍害性を重視しない場合に用いられる．

表 3·4　高炉スラグ粗骨材の分類（JIS A 5011）

区分	絶乾密度〔kg/m^3〕	吸水率〔%〕	単位容積質量〔kg/m^3〕
L	2 200 以上	6 以下	1 250
N	2 400 以上	4 以下	1 350

高炉スラグ細骨材の製法は，**図 3·17** に示すように，高炉スラグに水を加えて急冷する．その後，整粒したもの（水砕砂），冷風で吹き飛ばし細粒化したもの（風砕砂），空冷スラグを破砕したもの（空冷砂）などがある．

高炉スラグ粗骨材は製法により図 3·17 の 3 つに分類できるが，水砕砂と風砕砂は，貯蔵中固化するおそれがある．そのため，夏期における貯蔵期間をなるべ

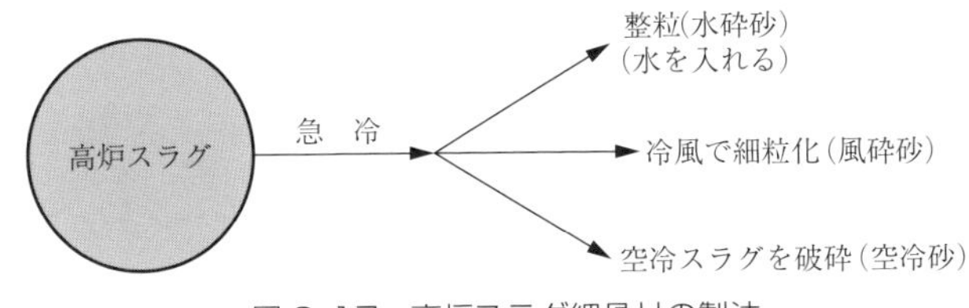

図 3·17　高炉スラグ細骨材の製法

く短くするように注意しなければならない.

高炉スラグ細骨材は，細骨材として単独に用いられることもあるが，粒度調整などの目的から山砂などの細骨材の一部（20〜60％程度）として，混合されて使用される場合が多い.

高炉スラグの中には，有害な物質もかなり含まれている．そのために，JIS A 5011 によって，その有害物質の含有量の限度が，**表 3·5** のように規定されている.

表 3·5　有害物含有量の限度
（JIS A 5011）

項　目	規　定　値
酸化カルシウム（CaO として）	45.0％以下
全硫黄（S として）	2.0％以下
三酸化硫黄（SO_3 として）	0.5％以下
全鉄（FeO として）	3.0％以下

また，一般用途に高炉スラグ骨材を用いる場合は，カドミウムや鉛，六価クロムなどに対して環境安全品質基準を満たしているかどうか，化学分析した後に使用することが規定されている.

10 コンクリートも水を選ぶ

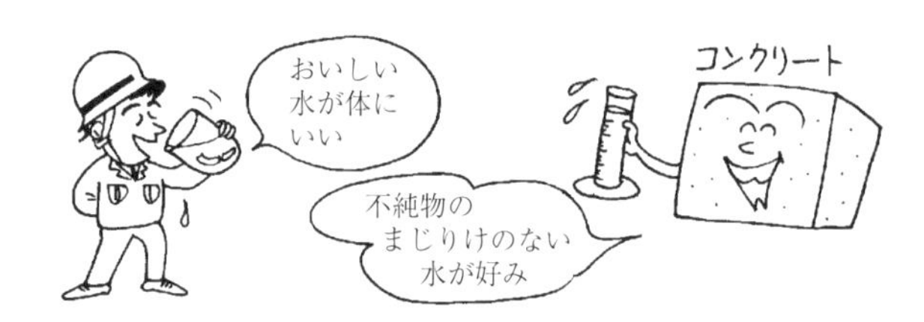

水の性質

コンクリートに用いる水（練混ぜ水）は，コンクリートに用いる現場付近の水が，コンクリートの練混ぜ水として適当か，さらに，骨材を洗ったりコンクリートを養生するのに用いることができるか，などについて確かめなければならない．

コンクリートに用いる水は，有害量の油や酸，アルカリ，塩化物などの無機物および有機不純物を含まない清浄なものでなければならない．また，鉄筋コンクリートには，練混ぜ水として海水を用いてはならない（**図 3·18**）．

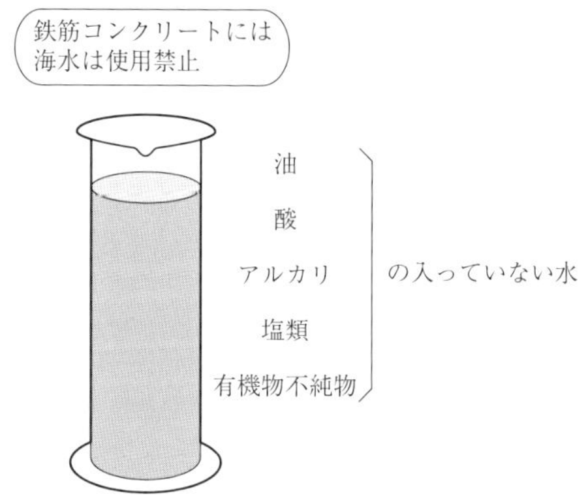

図 3·18　コンクリートに用いる水の条件

鉄筋コンクリートに対して塩分が混じると，既に説明したように，コンクリートの中性化や塩害で，コンクリート内部の鉄筋が錆びてひび割れなどを起こしたり，またアルカリシリカ反応など構造物自体に悪影響を与えるので，海水を用いることはできない（**図 3·19**）．

練混ぜ水として普通，上水道水，河川水，湖沼水，地下水，工業用水などが用

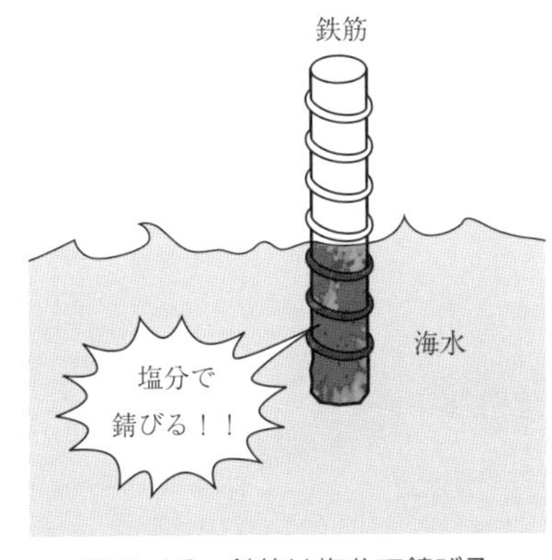

図 3·19 鉄筋は塩分で錆びる

図 3·20 コンクリートに用いる水

いられる．しかし，特殊な成分を含む河川水や地下水のときや工場排水が流入しているときには，水の使用の可否について慎重に検討する必要がある（**図 3·20**）．

また，完成したコンクリート構造物に接する水が，コンクリートに対して有害な作用を及ぼすか調べる必要もある．

以上のようなことから，コンクリートに対して悪い影響を及ぼすようであれば，検水などの試料を採取し，実験室において分析試験を行うことになる．

練混ぜ水の水質の影響は，コンクリートの凝結，強度などにおいて現れるが，凝結と強度を検討すれば，その水の使用の可否がおおよそ判断できる．レディーミクストコンクリート工場などにおいてミキサやトラックアジテータ等の洗浄排水の回収水は，コンクリートの強度，ワーカビリティー等に悪い影響がないことを確かめれば，練混ぜ水として使用してよい．ただし，回収水には，塩化物イオンやアルカリが含まれているのでそれらの濃度についても注意する必要がある．

図 3·21　回収水の再利用

11 ときには，腹痛を起こすことも

有 害 物

コンクリートに使用する骨材の中に，不純物，有害物が含まれていると，できあがったコンクリートは，所要の品質を持たなくなり，設計どおりの強度を発揮できない．そのために，土木学会のコンクリート標準示方書によれば，骨材に含まれる有害物の種類と，その含有量の限度を**表3·6**のように規定している．

表3·6　有害物含有量の限度

種　　類	最大値〔%〕	
	細骨材	粗骨材
粘土塊量	1.0	0.25
やわらかい石片		5.0
微粒分量		1.0
コンクリートの表面がすり減り作用を受ける場合	3.0	
その他の場合	0.5	

コンクリートの細骨材に，海砂を使用するときに問題となるのは，塩分含有量と脆弱な貝殻の含有量および粒度などである．特に，コンクリートの強度を著しく損なうような貝殻が含まれるときには，それらを取り除くか，あるいは使用を見合わせるほうがよい．

また，塩分含有の問題で，海砂を鉄筋コンクリートやプレストレストコンクリートに使用すると中性化や塩害によって鋼材が錆びるので，塩分含有量について検討する必要がある．特別な事情がない限り，海水や海砂の使用は見合わせたほうがよい．やむをえず海砂を使用する場合には，洗砂などを行って十分な塩抜きをする必要がある．

コンクリートの中での塩分の濃度関係を調べる塩化物含有量試験には，次のようなものがある．

試験 ・海砂の塩化物含有率試験（土木学会規準）
・塩化物含有量試験（生コンの受入検査）

土木学会の規準では，海砂に含まれる塩化物量の最大値は，0.04％としている．

また，生コンの受入検査時に行うコンクリート中に含まれる塩化物量は，0.3 kg/m^3 以下としている．

山砂の使用のときに問題になることは，山砂にはシルトや粘土質の微粉粒が多量に含まれていることである．微粉粒が多いと単位水量が増加し，コンクリートの表面部の硬化不良，ひび割れ発生などを起こす原因になる．

つまり，細骨材中に微粉粒が多いと，所定のワーカビリティーを得るのに必要な単位水量が増加する．単位水量が増えればコンクリート自体の強度低下の一因となるのである．

セメントの原料に有効利用される廃棄物や副産物

セメントの原料には石灰石などの主原料のほか，様々な廃棄物や副産物が原料として使用されている．セメント1tあたりの廃棄物や副産物の使用量は471 kg（2011年度）具体的には，高炉スラグ，石炭灰（フライアッシュ），汚泥，スラッジ，副産石こう，建設発生土，燃えがらなどである．ごくわずかではあるが，廃タイヤも原料やセメント生成時の熱エネルギー（燃料）として利用されている．高炉スラグは約30％，石炭灰は約50％，タイヤは約10％がセメントの製造に有効利用されている．

3章のまとめ問題

【問題 1】 大気中の二酸化炭素などの影響によりコンクリートのアルカリ分が減少することを（ ① ）という．

【問題 2】 細骨材とは，（ ① ）mm を全部通過し，（ ② ）mm ふるいを全体の質量の（ ③ ）%以上通過する粒径の骨材をいう．

【問題 3】 粗骨材とは，（ ② ）mm ふるいに全体の質量の（ ③ ）%以上とどまる粒径の骨材をいう．

【問題 4】 図 3·22 は骨材の含水状態を表わしている．空欄に適当な語句を記入せよ．

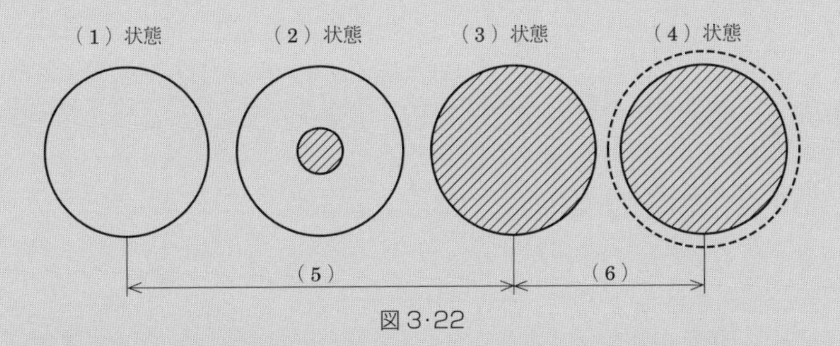

図 3·22

【問題 5】 骨材の密度は，骨材の（ ① ）状態のときの質量と体積を測定して求められる．

【問題 6】 粗骨材の最大寸法とは，質量で（ ① ）%以上通過するふるいのうち（ ② ）のふるいの呼び寸法をいう．

【問題 7】 （ ① ）率とは，試験容器中で占める空げきの割合をいい，（ ② ）率とは，試験容器中で占める骨材の割合をいう．

【問題 8】 鉄筋コンクリートに用いられる練混ぜ水は，（ ① ）を用いてはならない．

【問題 9】（土木施工管理技術検定対策試験問題）

骨材に関する次の記述のうち，誤っているものはどれか．

(1) 骨材は細骨材と粗骨材に分けられるが，砕石は一般に粗骨材に属する．

(2) 骨材の吸水率があまり大きいと，耐久性の品質が低下するのでJIS（日本工業規格）では，コンクリート用砕石の吸水率を規定している．

(3) 骨材の粗粒率は，大きいほど小さい骨材が多いことを示す．

(4) 骨材の粒度とは，骨材の大小粒が混合している程度をいう．

4章

コンクリートの配合設計

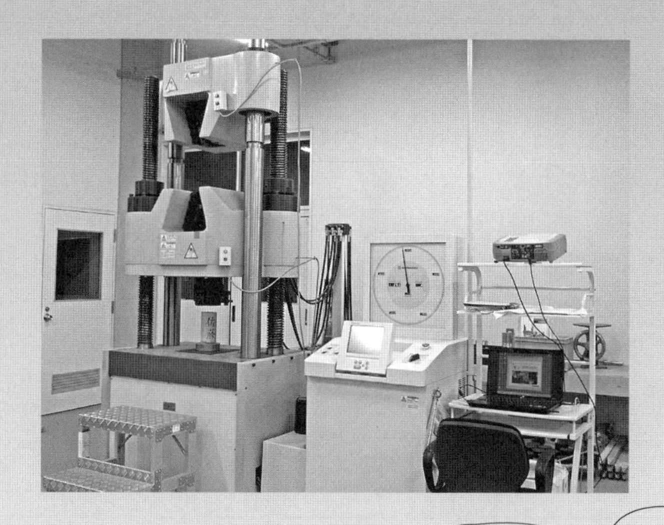

配合とは，コンクリートまたはモルタル等をつくるときの各材料の使用量または使用割合をいう．普段いたるところでコンクリート構造物を目にするが，その構造にはいろいろな目的に応じたコンクリートが用いられている．見た目には同じコンクリートであっても強度が異なり，それぞれの強度に合ったコンクリートを配合しなければならない．そのための計算を**コンクリートの配合設計**という．いうまでもなく良いコンクリートをつくるということは，所定の強度を持つことと，さらに最も経済的に得られるようにすることである．

コンクリートの配合には，**計画配合**と**現場配合**の２種類がある．計画配合とは，示方書または責任技術者によって指示される配合で，定められた条件に合った骨材を使用して配合されたものである．一方，現場配合とは，定められた条件に合った骨材をつくることは非常に困難であるため，その現場にある材料を使用して所定の強度が得られるように調整を行い配合するものをいう．このように，コンクリート構造物に必要な強度と耐久性あるいは水密性に富んだ経済的なコンクリートをつくるため，どのように配合計算をすればよいかについて説明する．

1 コンクリート製造のための配合表

コンクリートの使用材料の表し方

コンクリートの配合は，コンクリートをつくるときの各材料の割合または使用量である．これは料理をつくるときの材料表と同じである．誰がつくってもすぐにおいしい料理をつくることができなければ，意味がないのと同じように，コンクリートも誰が配合しても，同じ材料であれば同じ強さのコンクリートができなければならない．この材料の量を記入する方法に，**表 4·1** のような配合の表し方がある．

表 4·1　配合の表し方

粗骨材の最大寸法	スランプの範囲	空気量の範囲	水セメント比 W/C	細骨材率 s/a	単位量〔kg/m^3〕						
					水	セメント	混和材	細骨材	粗骨材 G		混和剤
									mm 〜 mm	mm 〜 mm	
〔mm〕	〔cm〕	〔%〕	〔%〕	〔%〕	W	C	F	S			A

注　詳細は，2012 年制定コンクリート標準示方書施工編 p.88 を参照．

配合の表し方は，粗骨材の最大寸法，スランプの範囲，水セメント比などを記入した**単位量**で表す（**図 4·1**）．

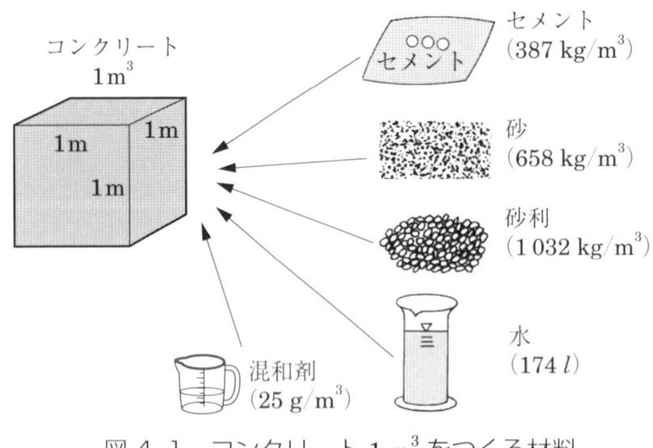

図 4·1　コンクリート 1 m^3 をつくる材料

単位量とはコンクリートまたはモルタルを 1 m^3 造るときに用いる各材料の使用量のことです．

配合の表し方

配合には，計画配合と現場配合の 2 種類がある．**計画配合**とは，骨材を表面乾燥飽水状態で用い，細骨材は 5 mm ふるいを通るもの，粗骨材は 5 mm ふるいに留まるものを用いた場合の各材料の単位量で計算したものである（**図 4·2**）．

図 4·2 計画配合

現場配合とは，現場で入手した骨材を使用するので，骨材には表面水もあり，粒度も大小の粒径のものが混在している．このような骨材を使用して練ったコンクリートが，計画配合で練ったコンクリートと**同じ品質**が得られるように，骨材の含水率，細骨材中の 5 mm ふるいを通る量などを考慮して計画配合を修正したものである．

特に，現場における骨材の状態が，野積みされた状態であれば，天候により含水率は常に変化するため，特に使用水量の調整が必要となる（**図 4·3**）．

図 4·3 現場配合

2 配合設計の考え方と手順は

配合設計の基本的な考え方

配合設計の基本的な考え方は，与えられた強さがあること，長もちすること，さらにコンクリートを打設するとき，型枠のすみずみまでいきわたり，セメントと骨材が分離しないことを考慮することである．すなわち，所要の**強度**，**耐久性**，**ワーカビリティー**を有するコンクリートの設計を選定する必要があるということである．

配合設計法の種類

配合設計法には，**試的設計法**と**簡易設計法**とがある．試的設計法とは，レディーミクストコンクリートやプレキャストコンクリートの工場あるいは大規模工事など，試験設備がそろっているところで，製品や工事に使用する材料を用いて配合設計を行い，試験練りを繰り返し，条件に合うように配合設計を行う方法である（**図 4·4**）．

レディーミクストコンクリートとは工場で製造されて運搬されてきたまだ固まっていないコンクリートです（第7章p.132参照）．

図 4·4　コンクリート工場での配合設計

プレキャストコンクリートとは工場等で製作されたコンクリート製品です．コンクリートの二次製品ともいいます．

簡易設計法とは，いままでの配合や慣例を参考にし，実験を行わずに決める方法で，小規模な工事に限り使用される配合設計法である．

配合設計の順序

工事現場における使用材料は，どこでも同一の材料を使用することはできない．当然のことながら品質は異なる．これらの材料を使用して良いコンクリートをつくるための配合設計は，設計計算だけで決定することはできない．計算の結果に基づいて試し練りを繰り返し行い，最終的に配合を決定していくのである．その配合設計の手順について見てみよう（**図 4·5**）．

試し練りとは
所要の強度と
なっているか
確認する作業
です．

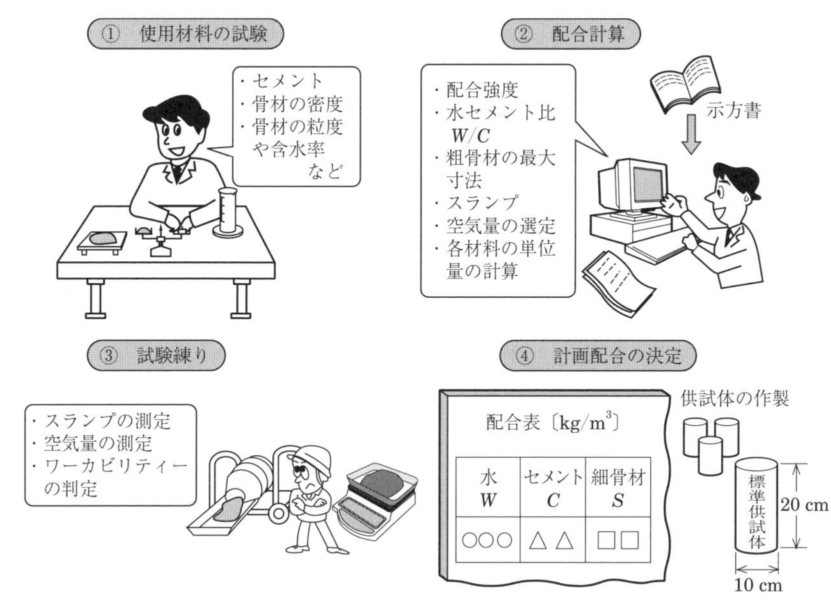

図 4·5　配合設計の手順

それではこれから，配合計算の各内容について説明していく．

3 強さが決め手

配合強度

コンクリート構造物を設計するためには，荷重（外力）に対して安全に支えられるだけのコンクリートの強度が必要である．例えば，**図 4·6** のようなコンクリート橋，コンクリート舗装，ダムのそれぞれの所要強度は，それぞれの外力に対して使用コンクリートが安全であるように強度が設定されなければならない．

図 4·6　用途によって所要強度は異なる

この条件を満足するような強度にコンクリートの配合を定める．この目標とする強度を**配合強度** f'_{cr} という．ここでは配合強度について考えてみよう．

配合強度とは，部材設計の際に基準とした**設計基準強度** f'_{ck} に**割増し係数** α を掛けて求めたものである．

f'_{ck} とは，構造計算において基準とするコンクリートの強度，一般に材齢 28 日における圧縮強度のことです．

割増し係数

設計基準強度で配合設計しても，常に同じ強度にはできないので，ばらつきが生じる．このために高い目標を設定して，常に設計において決められた設計基準強度を保つように配合設計をしなければならない．すなわち，設計基準強度に対して割増したものとする必要がある．このときの割増し率を**割増し係数** α という．

配合強度と設計基準強度の関係は，以下の式になる．
$f'_{cr} = \alpha \times f'_{ck}$

割増し係数は，**変動係数** V より求めることができる（**図4·7**）．

変動係数とは，実際にコンクリートを練る現場の施工状態や管理程度によって，不良品の出る割合を示したもので，施工状態や管理程度が悪くなるほど高くなっている．割増し係数を求める際の変動係数の値は**表4·2**から決める．

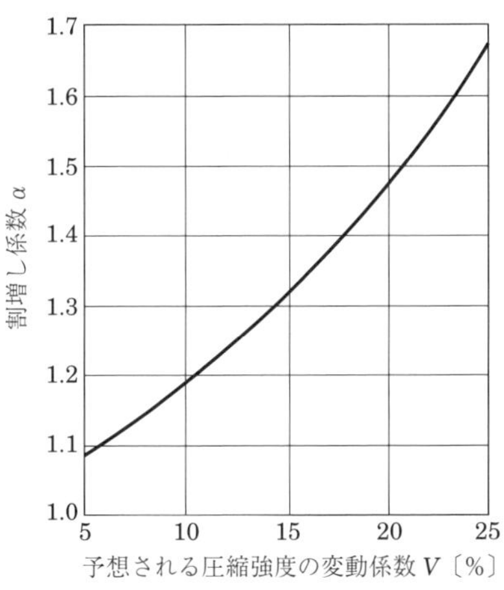

図4·7　一般の場合の割増し係数

表4·2　変動係数 V の値

施工や管理状態の程度	変動係数〔%〕
一般に大規模な現場で骨材などの保管および混合設備（プラント）が厳重に管理されている	7 ～ 10
大部分の現場内にあるプラントで示方書に基づいて十分管理されている	10 ～ 15
普通の管理状態の現場	15 ～ 20
骨材などが野積み状態であり，管理も十分にされない現場	20 以上

Let's try

〔例題〕　普通の管理状態の現場での設計基準強度 $f'_{ck} = 20\ \mathrm{N/mm^2}$ の場合，配合強度 f'_{cr} はいくらになるか．

〔解答〕　まず表4·2から変動係数を15とすると，図4·7の一般の場合の割増し係数より，割増し係数は $\alpha = 1.33$ となる．

$$f'_{cr} = \alpha \times f'_{ck}$$
$$= 1.33 \times 20 = 26.6\ \mathrm{N/mm^2}$$

$f'_{cr} = 26.6\ \mathrm{N/mm^2}$ として，コンクリートの配合設計を行う．

4
最初が肝心 *W/C*

水セメント比とセメント水比

水とセメントの比率は，コンクリートの品質を左右するといわれるほど大切な比率である．練りたてのコンクリートにおいて，骨材が表面乾燥飽水状態にあるとしたときのセメントペーストにおける水量とセメント量との質量比を水セメント比 W/C とよぶ．

セメントペーストは水とセメントだけを混ぜたものです．

この水セメント比の設定には，コンクリートの所要の強度，耐久性，水密性など，それぞれを考慮して求めるが，そのうち最小の値を所要の水セメント比とする．

〔1〕圧縮強度を基にして定めるとき

水セメント比 W/C と圧縮強度 f_c との関係は，$W/C = x$ とすると $f_c = a/b^x$ と指数関数となり，グラフも曲線となる．そこで，W/C の代わりに水セメント比の逆数の C/W を用いると，$f_c = a + b(C/W)$ という一次関数になり，グラフも直線で，計算上便利になる．したがって，一般に圧縮強度を基に W/C を求めるには，セメント水比 C/W で計算している．実際に C/W から水セメント比 W/C を求めるには，適切と思われる範囲内で3種以上の異なったセメント水比 C/W を用いたコンクリートの供試体で試験を行い，$C/W - f_c$ 線を描く（**図 4·8**）．

配合に用いる水セメント比 W/C は，$C/W - f_c$ 線において，配合強度に相当するセメント水比 C/W の逆数とする．

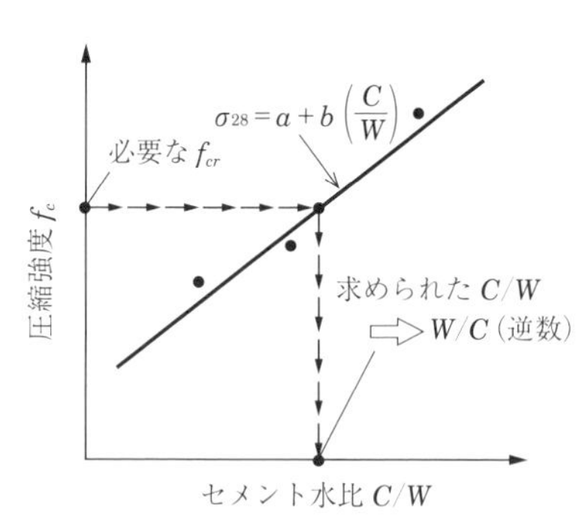

図 4·8　C/W と圧縮強度との関係

〔2〕耐凍害性を基として定めるとき

耐凍害性から必要な水セメント比を定めるときには，**表 4·3** から求め，その値は水セメント比の最大値を示したものである．

表 4·3　コンクリートの耐凍害性を基として水セメント比を定める場合の最大の水セメント比〔%〕

構造物の露出状態 ＼ 気象条件・断面	気象作用が激しい場合または凍結融解がしばしば繰り返される場合		気象作用が激しくない場合，氷点下の気温となることがまれな場合	
	薄い場合[2]	一般の場合	薄い場合[2]	一般の場合
(1) 連続してあるいはしばしば水で飽和される部分[1]	55	60	55	65
(2) 普通の露出状態にあり，(1) に属さない場合	60	65	60	65

1）水路，水槽，橋台，橋脚，擁壁，トンネル覆工等で水面に近く水で飽和される部分および，これらの構造物のほか，桁，床版等で水面から離れてはいるが融雪，流水，水しぶき等のため，水で飽和される部分．
2）断面の厚さが 20cm 程度以下の構造物の部分．

〔3〕化学作用に対する耐久性を基として定めるとき

海水の作用を受ける場合の水セメント比は，**表 4·4** の値以下とする．

表 4·4　化学作用に対する耐久性を基として定める AE コンクリートの最大の水セメント比〔%〕

環境区分 ＼ 施工条件	一般の現場施工の場合	工場製品，または材料の選定および施工において，工場製品と同等以上の品質が保証される場合
海上大気中	45	50
飛　沫　帯	45	45
海　　　中	50	50

〔4〕水密性を基として定めるとき

水密コンクリートの場合には，漏水の原因となる欠陥ができるおそれのないように，特に作業に適するワーカビリティーのコンクリートを用いる．そのためには，水セメント比の大きいコンクリートは，材料分離の傾向が大きいため，55% 以下を標準とする．

5 大きいことは良いこと？

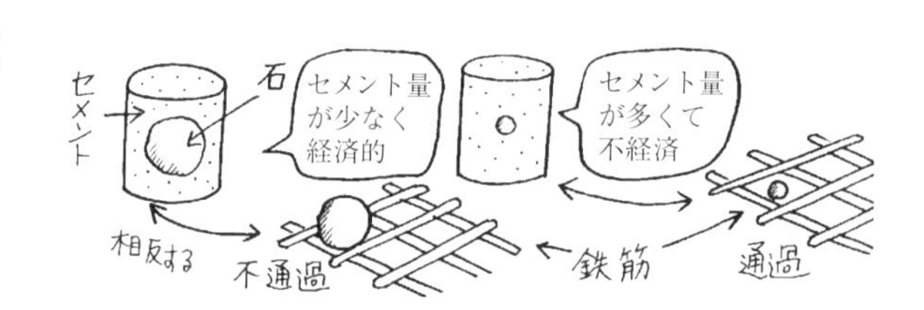

粗骨材の最大寸法

コンクリートを経済的につくるためには，高価なセメント量を少なくし，安価な骨材を多くするとよい．すなわち，骨材の最大寸法が大きければ大きいほど，コンクリート中のモルタルやセメントペーストの必要量が少なくなる．そのためには，なるべく大きな粗骨材を選ぶほうが有利である（**図 4·9**）．

図 4·9　砕石プラント

しかし，練り混ぜや取扱いが困難で材料の分離が生じやすくなるため，適当な最大寸法は鉄筋のあき，あるいは構造物の種類などにより定まってくる．粗骨材の最大寸法は，**表 4·5** の値を大体の標準としており，ここで定めた値に適合する最大寸法を持つ骨材を，コンクリートの材料として選ぶことになる．なお，材料としての骨材の最大寸法は，質量で 90％以上が通過する最小のふるいの呼び寸法で示すことは既に説明している．

表 4·5　粗骨材の最大寸法

構造条件	粗骨材の最大寸法
最小断面寸法が大きい※ かつ，鋼材の最小あきおよびかぶりの 3/4>40 mm の場合	40 mm
上記以外の場合	20 mm　または　25 mm

※目安として，500 mm 程度以上

骨材の粒度

骨材の粒度（骨材の大小の粒の分布状態）もコンクリートを経済的につくるうえで大切なものの一つである．図

4·10 の標準網ふるいを用いて骨材の粒度を求めるが，骨材の粒度が適当であれば骨材の単位容積質量が大で，セメントペーストが節約され，密度の高いコンクリートが得られ，コンクリートのワーカビリティーが良くなる．

図 4·10　標準網ふるい

細骨材も粗骨材も骨材の形状によって混合割合も変化するが，一般には**表 4·6** の細骨材の混合割合，**表 4·7** が粗骨材の混合割合であり，表の中の各ふるいの呼び寸法に対するふるいを通るものの質量百分率の範囲をグラフに示したものが，51 ページに掲げた図 3·12 の粒度曲線の点線（土木学会の粒度の標準）となる．

表 4·6　細骨材の混合割合（示方書より）

ふるいの呼び寸法〔mm〕	10	5	2.5	1.2	0.6	0.3	0.15
ふるいを通るものの質量百分率（%）	100	90〜100	80〜100	50〜90	25〜65	10〜35	2〜10[1)]

1）砕砂あるいはスラグ細骨材を単独に用いる場合には質量百分率を 2 〜 15%にしてよい．混合使用する場合で，0.15 mm 通過分の大半が砕砂あるいはスラグ細骨材である場合には 15% としてよい．

2）連続した 2 つのふるいの間の量は 45%を超えないのが望ましい．

3）空気量が 3%以上で単位セメント量が 250 kg/m³ 以上のコンクリートの場合，良質の鉱物質微粉末を用いて細粒の不足分を補う場合等に 0.3 mm ふるいおよび 0.15 mm ふるいを通るものの質量百分率の最小値をそれぞれ 5 および 0 に減らしてよい．

表 4·7　粗骨材の混合割合（示方書より）

ふるい呼び寸法〔mm〕		ふるいを通るものの質量百分率〔%〕									
		50	40	30	25	20	15	13	10	5	2.5
粗骨材の最大寸法〔mm〕	40	100	95〜100	—	—	35〜70	—	—	10〜30	0〜5	—
	25	—	—	100	95〜100	—	30〜70	—	—	0〜10	0〜5
	20	—	—	—	100	90〜100	—	—	20〜55	0〜10	0〜5
	10	—	—	—	—	—	—	100	90〜100	0〜15	0〜5

6 1 m³，これが基準

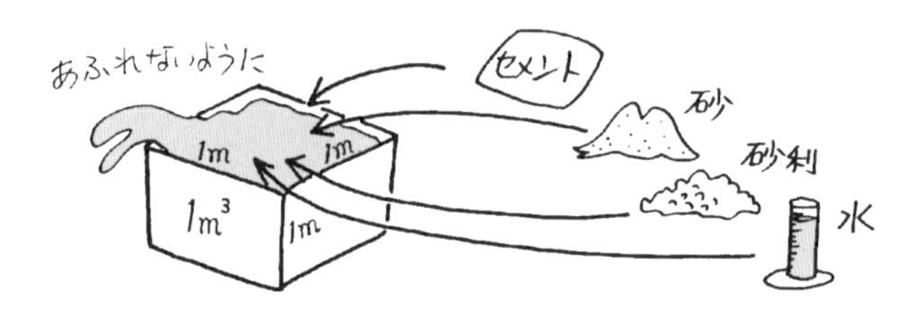

単位量とは

コンクリート 1 m³ をつくるときに用いる各材料の使用量のことである．**単位水量** W，**単位セメント量** C，**単位細骨材量** S，**単位粗骨材量** G，**単位混和材量** F などで求めていく．

単位水量

単位水量は，コンクリートの品質を左右する大切なものであり，作業ができる範囲内で，できるだけ小さくなるように試験によって決めなければならない．大体の値を得るためには，**表 4·8** を参考に求める．

単位セメント量

単位セメント量は，単位水量と水セメント比から算出する．算出方法としては，水セメント比を強度，耐久性，水密性などの関係を試験結果から求め，水セメント比と単位水量から単位セメント量を求める．しかし，耐久性や水密性の試験を行うことは困難なため，一般には耐凍害性を基とするときには表 4·3 から求めるとよい．

ただし，鉄筋コンクリートに用いるコンクリートでは，所要の強度を得る，鉄筋が錆びるのを防ぐ，コンクリートと鉄筋との付着を十分にするなどの理由により，セメントの量も多く用いなければならない．

単位細骨材量，単位粗骨材量

単位骨材量は，コンクリートの単位容積 1 m³ より，単位水量，単位セメント量の絶対容積と空気量を差し引いて求めるものである（**図 4·11** 参照）．

絶対容積とは，各材料の質量をその材料の密度で割った値をいい，練り混ぜ直後のコンクリートのできあがり容積の計算に用いられる．

$$\text{絶対容積}〔\mathrm{m}^3〕= \frac{\text{質量}〔\mathrm{kg}〕}{\text{密度}〔\mathrm{kg/m}^3〕}$$

また骨材には，細骨材と粗骨材があり，1 m³ のコンクリートの中で，全骨材

(細骨材＋粗骨材)の絶対容積に対する細骨材の絶対容積の占める割合を**細骨材率** s/a という．

$$細骨材率\ s/a = \frac{細骨材の絶対容積〔m^3〕}{全骨材の絶対容積〔m^3〕} \times 100〔\%〕$$

細骨材率を小さくすると，すなわち細骨材の量を減らすと，骨材の表面積の総和が少なくなり，コンシステンシーを得るための単位水量を減少でき，経済的なコンクリートが得られる．しかし，さらに細骨材率を小さくすると，コンクリートが粗々しくなり，材料分離の傾向も強まる．およその目安は，表4･8が参考になる．

表4･8　コンクリートの単位組骨材かさ容積，細骨材率および単位水量の概略値

粗骨材の最大寸法	単　位 粗骨材かさ容積	AEコンクリート				
		空気量	AE剤を用いる場合		AE減水剤を用いる場合	
			細骨材率 s/a	単位水量 W	細骨材率 s/a	単位水量 W
〔mm〕	〔m³/m³〕	〔%〕	〔%〕	〔kg/m³〕	〔%〕	〔kg/m³〕
15	0.58	7.0	47	180	48	170
20	0.62	6.0	44	175	45	165
25	0.67	5.0	42	170	43	160
40	0.72	4.5	39	165	40	155

この表に示す値は，骨材として普通の粒度の砂（粗粒率2.80程度）および砕石を用いたコンクリートに対するものである．

また，使用材料やコンクリートが変化する場合の細骨材率や単位水量の補正の目安を下記に示す．

区分	s/a の補正〔%〕	W の補正
砂の粗粒率が0.1だけ大きい（小さい）ごとに	0.5だけ大きく（小さく）する	補正しない
スランプが1 cmだけ大きい（小さい）ごとに	補正しない	1.2%だけ大きく（小さく）する
空気量が1%だけ大きい（小さい）ごとに	0.5～1だけ小さく（大きく）する	3%だけ小さく（大きく）する
水セメント比が0.05大きい（小さい）ごとに	1だけ大きく（小さく）する	補正しない
s/a が1％大きい（小さい）ごとに	—	1.5 kgだけ大きく（小さく）する
川砂利を用いる場合	3～5だけ小さくする	9～15 kgだけ小さくする

なお，単位粗骨材かさ容積による場合は，砂の粗粒率が0.1だけ大きい（小さい）ごとに単位粗骨材が容積を1%だけ小さく（大きく）する．

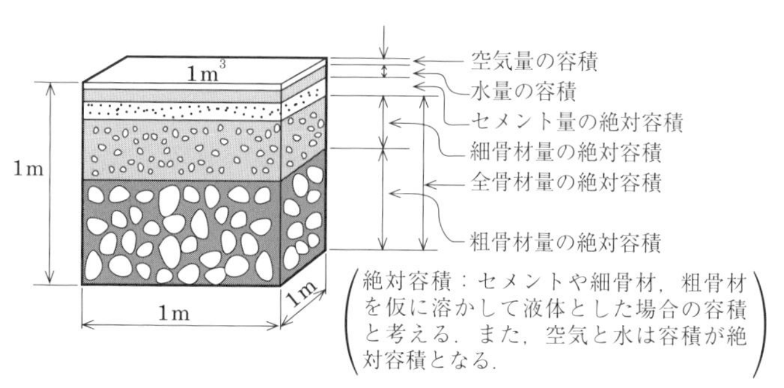

図 4·11　コンクリート 1 m³ に占める各材料の絶対容積

各材料の単位量の計算

コンクリート中に占める細骨材と粗骨材の割合である細骨材率 s/a が決まり，水セメント比 W/C，単位水量 W および空気量 A が選定されれば，各材料の単位量が計算される．

図 4·11 からもわかるように，各材料の絶対容積の総和が 1 m³ になる．すなわち

$$1\,\mathrm{m}^3 = A + W + c + a$$

となる．

この式の中のセメント量の絶対容積 c は，既に決定した水セメント比 W/C と単位水量から単位セメント量を算出して求める．

$$\text{水セメント比}\ W/C = \frac{\text{単位水量}\ W\ 〔\mathrm{kg}〕}{\text{単位セメント量}\ C\ 〔\mathrm{kg}〕}$$ ⇒ これから単位セメント量 C を求めると

$$\text{単位セメント量}\ C\ 〔\mathrm{kg}〕 = \frac{\text{単位水量}\ W\ 〔\mathrm{kg}〕}{\text{水セメント比}\ W/C} \qquad (1)\text{式}$$

$$\therefore \text{単位セメント量の絶対容積}\ c\ 〔\mathrm{m}^3〕 = \frac{\text{単位セメント量}\ C\ 〔\mathrm{kg}〕}{\text{セメントの密度}\ 〔\mathrm{kg/m}^3〕} \qquad (2)\text{式}$$

また，図 4·11 から全骨材の絶対容積 a は，1 m³ から空気・水・セメントの各絶対容積を差し引いた値となり，次の式になる．

$$a = 1 - (A + W + c) \qquad (3)\text{式}$$

ここで求めた全骨材の絶対容積 a のうち，細骨材の占める容積は，細骨率 s/a から $s = a \times (s/a)$ で求められ，粗骨材の絶対容積は $g = a - s$ となる．

コンクリートの基礎
セメントの働き
骨材と水の働き
コンクリートの配合設計
フレッシュコンクリートの性質
硬化したコンクリートの働き
レディーミクストコンクリート

90 ページで説明したように絶対容積〔m³〕$= \dfrac{\text{質量〔kg〕}}{\text{密度〔kg/m}^3\text{〕}}$ であるから

質量〔kg〕= 絶対容積〔m³〕× 密度〔kg/m³〕

となる．したがって，コンクリート 1 m³ をつくるのに必要な単位量は

単位細骨材量 S〔kg〕= s〔m³〕× 細骨材の密度〔kg/m³〕　　(4)式

単位粗骨材量 G〔kg〕= g〔m³〕× 粗骨材の密度〔kg/m³〕　　(5)式

〔**例題**〕水セメント比 $W/C = 50\%$，細骨材率 $s/a = 37\%$，単位水量 $W = 150$kg，空気量 = 4.5% の場合の各材料の単位量を求めよ．使用材料の試験結果は次のとおりである．

セメントの密度 = 3 150 kg/m³，細骨材の密度 = 2 600 kg/m³

粗骨材の密度 = 2 700 kg/m³

〔**解答**〕

(1) 式より単位セメント量を求める：C〔kg〕$= \dfrac{150\text{ kg}}{0.50} = 300$ kg

(2) 式より単位セメント量の絶対容積を求める：

c〔m³〕$= \dfrac{300\text{ kg}}{3\,150\text{ kg/m}^3} = 0.095\text{ m}^3$

(3) 式より全骨材の絶対容積を求める：

a〔m³〕$= 1 - (0.045 + 0.150 + 0.095) = 0.710\text{ m}^3$

細骨材の絶対容積を求める：$s = 0.710 \times 0.37 = 0.263\text{ m}^3$

粗骨材の絶対容積を求める：$g = 0.710 - 0.263 = 0.447\text{ m}^3$

(4) 式より単位細骨材量 S を求める：

S〔kg〕$= 0.263\text{ m}^3 \times 2600\text{ kg/m}^3 = 683.8$ kg

(5) 式より単位粗骨材量 G を求める：

G〔kg〕$= 0.447\text{ m}^3 \times 2\,700 = 1\,206.9$ kg

計算結果は配合表で示すようにする．なお，配合表の各単位量は，コンクリート 1 m³ に必要な材料の量という意味で，〔kg/m³〕で表されている．

7 試行錯誤の繰返し

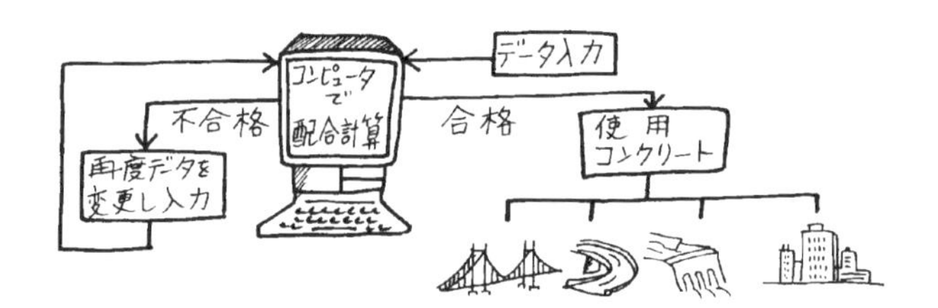

コンクリート試料のつくり方

配合設計によって求めた各材料の単位量を基に1バッチの量を計算し，試し練りを行う．

試し練りの方法について説明しよう．

① 1バッチの量は，作業に支障のない限り大きくするのがよい（スランプ，空気量，強度などの試験に必要な試料は，これらの試験で必要とする最小のコンクリート量のほかに，10～20％程度の余裕をみておく）．

② 1バッチ（**図4·12**）に用いるコンクリート材料を計算し，計量した骨材は，乾燥しないように湿った布で覆う．

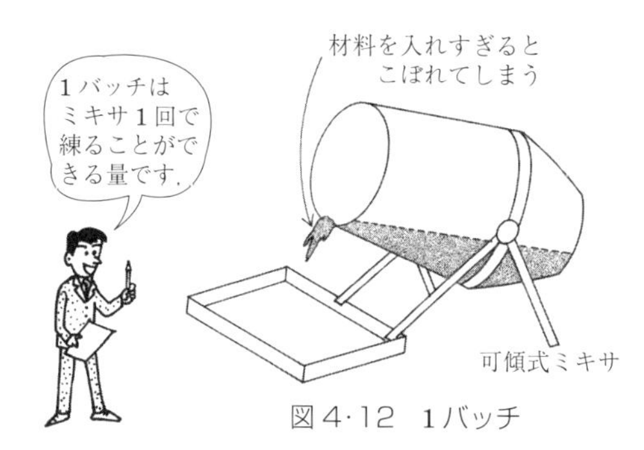

図4·12 1バッチ

③ ミキサ内とモルタルが付着するため，あらかじめ試験に用いるものと同じ配合のコンクリートを練り混ぜておき，これを排出したのち試験コンクリートの練り混ぜを行う．

④ 手練りによるときは，砂とセメントを空練りしたのち，水の一部を加えてモルタルをつくり，次いで砂利と残りの水を加え全体が均等なコンクリートになるまで練り混ぜる．

試し練りによる配合の調整法

試し練りを行った結果，所要のスランプおよび空気量が得られたかどうか確かめる．**得られなければ表4·8（p.77）の補正値を用いて修正し**，再度試し練りを行う．

試し練りでの調整の順序は次のように行う．

① スランプと空気量とを測定する．

② スランプの測定値が定めた値（表4·8は約8 cm）と異なるときには，表4·8よりスランプが1 cm大きいときには単位水量を1.2％大きく，小さいときには1.2％小さくする．

③ 空気量の測定値が1％大きいときには，単位水量は3％小さく，1％小さいときには，3％大きくする．

④ 細骨材率が適正かどうか確かめるためには，スランプ，空気量を一定に保ち，細骨材率を少しずつ変化させ，**所定のワーカビリティー**が得られる範囲内で単位水量を変化させる．細骨材率を1％大きくしたときは，単位水量を1.5 kgだけ大きくする．

ワーカビリティーの適否を判定するには側面を突き棒で軽くたたいて崩れ具合をみたり，こてをかけて判定する(p.101参照)．一般に，中程度のこてかけでコンクリートの表面が滑らかに仕上がる程度の細骨材率とするのがよいとされている．

混和材と混和剤

コンクリートの品質を改善する目的で必要に応じて，コンクリートの成分として加える材料を**混和材料**という．混和材料には配給料によって混和材と混和剤がある．

〔1〕混和材

①フライアッシュ　石炭を燃料とする火力発電所の灰の微粉末で，耐久性や施工性，流動性を向上させる．

②高炉スラグ微粉末　金属を製錬する際に残った溶解物である高炉スラグを急速冷凍して，乾燥·粉末状にしたもの．その他に石灰石微粉末，籾殻灰などもある．

〔2〕混和剤

① AE剤　耐凍害性を改善する目的とし，エントレインドエアをコンクリート中に一様に分散させる．

②減水剤　耐久性の向上を目的とし，セメントを分散させコンクリート練り混ぜ水を減少させる．

③ AE減水剤　AE剤と減水剤の性能を合せもつ．多くの場合，レディーミクストコンクリートに加えられている．

④高性能AE減水剤　AE減水剤よりも減水性能が著しく大きいもの．

その他に，水和反応を促進する急結剤，逆に遅らせる遅延剤，コンクリートを．軽量化する発泡剤などがある．

8 配合設計はこうして決まる

配合設計の手順

いままで説明してきた配合設計の考え方と手順に従って，実際に設計してみよう．配合の決定までの手順をまとめると次のようになる．

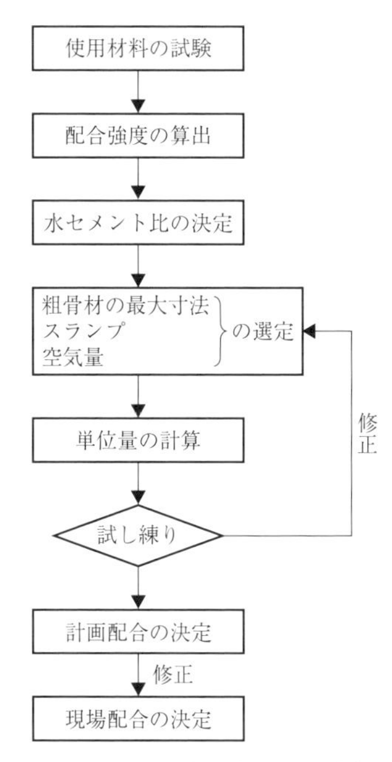

図 4·13　配合決定までの手順

この手順に合わせて進めてみるので，一つ一つ確認しながら計算していくことが大切である．

配合設計の手順

設計条件

設計基準強度 $f'_{ck}=21\ \mathrm{N/mm^2}$ の鉄筋コンクリートの

擁壁のコンクリートの配合を求める．ただし，予想される現場での施工状態や管理程度は良好であり，気候は温暖で水密性は特に必要としない．

配合設計

手順①：使用する材料の試験値は次のようになった．

・セメントの密度＝3 170 kg/m^3　・細骨材の密度＝2 570 kg/m^3

・細骨材の粗粒率＝2.85　・粗骨材の密度＝2 610 kg/m^3

・粗骨材の最大寸法＝25 mm

手順②：配合強度 f'_{cr} を求める．設計条件から表 4·2 より変動係数は 10%とし，図 4·7 より割増し係数を求めると $\alpha = 1.18$ となる．したがって，配合強度は $f'_{cr} = \alpha \times f'_{ck} = 1.18 \times 21 =$ **24.8 N/mm²** となり，この値から次の水セメント比 W/C を求める．

手順③：水セメント比 W/C を決めるには，次の 3 種類から定めた値の最小値とする．

（1）　圧縮強度を基にして定める．

いま，**図 4·14** のように，水セメント比 W/C が 45%，50%，55%の 3 種類の供試体をつくり，圧縮強度を求める．次に**図 4·15** のような関係式をつくって W/C を定める．

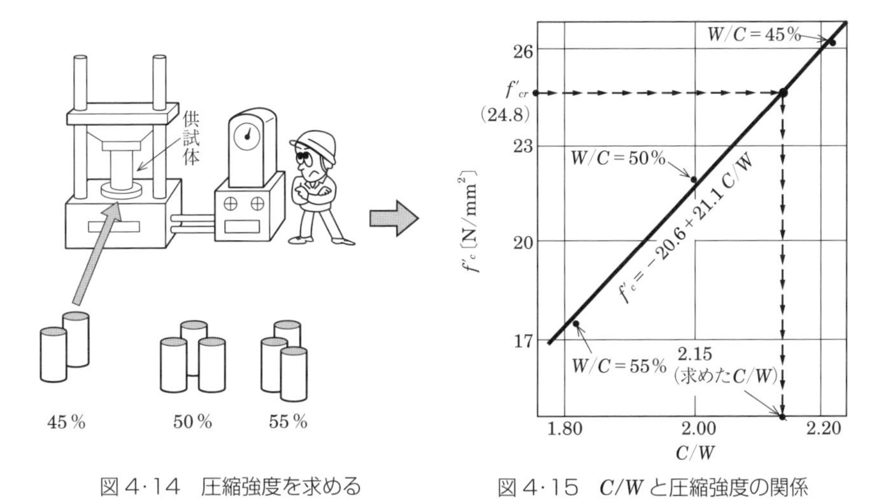

図 4·14　圧縮強度を求める

図 4·15　C/W と圧縮強度の関係

図 4·15 から $f'_{cr} = 24.8$ N/mm² に必要なセメント水比は $C/W = 2.15$ となり，こ

の値の逆数が求める水セメント比 W/C となる．したがって，$W/C = 1/2.15 = 0.465$ となり，安全性をみて $W/C = 45\%$ とする．

（やむを得ず試験をしない場合は，$f'_c = -20.6 + 21.1\ C/W$ の式を用いてもよい）

（2）　耐凍害性や水密性は設計条件から考慮する必要はないが，いずれも 45% より大きいので，**水セメント比 $W/C = 45\%$** と決定する．

手順④：設計条件を基に，粗骨材の最大寸法，スランプ，空気量を**表 4·9** より選定する．スランプはワーカビリティーの範囲でできるだけ小さくする．

表 4·9　粗骨材の最大寸法とスランプおよび空気量

構造物の種類		粗骨材の最大寸法〔mm〕		スランプ〔cm〕	空気量〔%〕
無筋コンクリート	断面が大きい場合	40	部材最小寸法の 1/4 を超えてはならない	3 ～ 8	4 ～ 7
鉄筋コンクリート	一般の場合	20 または 25	部材最小寸法の 1/5，および鉄筋の最小水平あきの 3/4 を超えてはならない	5～12	
	断面が大きい場合	40		3～10	
舗装コンクリート		40 以下		2.5	4
ダムコンクリート		150 程度以下		2～5	5.0 ± 1.0

表 4·9 より各値は次のように選定する．

粗骨材の最大寸法：25 mm，スランプ：10 cm，空気量：5%

手順⑤：手順④で選定した粗骨材の最大寸法を基に，表 4·8 より単位水量 W と細骨材率を求める．ただし，AE 剤を使用するものとする．

表 4·8 の粗骨材の最大寸法 25 mm ⇒ 細骨材率 $s/a = 42\%$

単位水量 $W = 170$ kg

この値は，水セメント比 $W/C = 55\%$，スランプ $= 8$ cm，砂の粗粒率 $= 2.80$ に

表 4·10　補正計算

条　件	補正計算	s/a〔%〕	W〔kg〕
砂の粗粒率が 2.85 であるから	$42 + \dfrac{2.85 - 2.80}{0.1} \times 0.5 = 42.3$	42.3	補正しない
水セメント比 W/C が 45% であるから	$42.3 + \dfrac{0.45 - 0.55}{0.05} \times 1 = 40.3$	**40.3**	補正しない
スランプが 10 cm であるから	$170 \times \left(1 + \dfrac{10 - 8}{1} \times 0.012\right) = 174.0$	補正しない	**174**

対するものであり，手順①で求めた材料試験値と相違するので，表 4·8 の条件により補正する必要がある．計算結果は**表 4·10** のようになる．

補正計算の説明

砂の粗粒率の例：表 4·8 の粗骨材の最大寸法から求めた値は 2.80 であり，実際に用いる材料の試験値 2.85 で 0.05 だけ大きい．補正計算では 0.1 だけ大きいと s/a の 42% を 0.5% だけ大きくすることなので，$0.1 : 0.5 = (2.85 - 2.80) : x$ という比例式ができ，これから補正値 x を求めると $x = \left(\frac{2.85 - 2.80}{0.1}\right) \times 0.5 = 0.3\%$ となり，42% に 0.3% を加えた補正値は $s/a = 42.3\%$ となる．次の水セメント比 W/C による補正は，42.3% を基にして行う．他の補正計算も同様にして求めていく．

次に補正した**単位水量 W = 174 kg**，**細骨材率 s/a = 40.3%** を基に各材料の単位量を計算していく（p.78 の計算式および図 4·11 を参照）．

(1)式より，**単位セメント量 C〔kg〕** $= \frac{174\ \text{kg}}{0.45} =$ **387 kg**

(2)式より，セメントの絶対容積 c〔m³〕$= \frac{387\ \text{kg}}{3\,170\ \text{kg/m}^3} = 0.122\ \text{m}^3$

空気量 A〔m³〕$= 0.05\ \text{m}^3$

(3)式より，全骨材の絶対容積 a〔m³〕$= 1 - (0.05 + 0.174 + 0.122) = 0.654\ \text{m}^3$

細骨材の絶対容積 $s = 0.654 \times 0.403 = 0.264\ \text{m}^3$

(4)式より，**単位細骨材量 S〔kg〕** $= 0.264 \times 2\,570 =$ **678 kg**

粗骨材の絶対容積 $g = 0.654 - 0.264 = 0.390\ \text{m}^3$

(5)式より，**単位粗骨材量 G〔kg〕** $= 0.390 \times 2\,610 =$ **1 018 kg**

手順⑥：求めた配合により試し練りを行い，スランプおよび空気量を測定し，目標値のスランプ 10 cm，空気量 5% と照合する．

表 4·11　試し練り用配合表

粗骨材の最大寸法〔mm〕	スランプ〔cm〕	空気量〔%〕	水セメント比 W/C〔%〕	細骨材率 s/a〔%〕	単位量〔kg/m³〕				
					水 W	セメント C	細骨材 S	粗骨材 G	混和材 F
25	10	5	45	40.3	174	387	678	1 018	

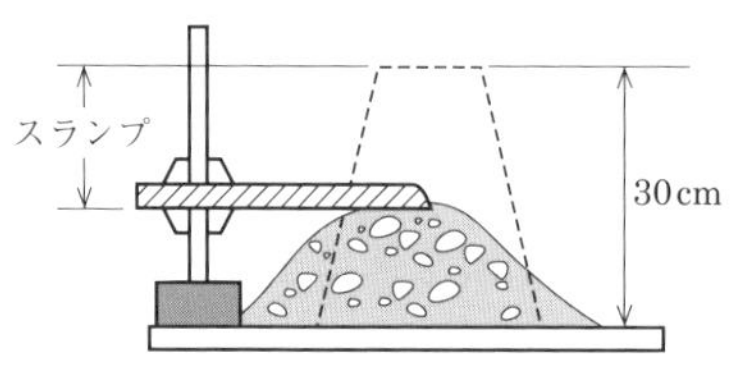

図 4·16　スランプ試験

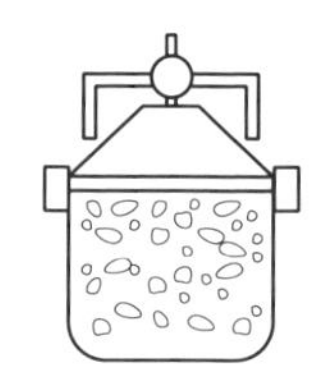
図 4·17　空気量の試験

試し練りのコンクリートでスランプ値と空気量を測定した（p.102，104 参照）．

その結果：スランプ 7 cm（目標値 10 cm）

空気量　5%　（目標値 5%）

なので，スランプの目標値にするために補正する．

補正計算は手順⑤と同じように表 4·8 により順次求めていく．

・スランプに対する補正

表 4·8 により，スランプが 1 cm に対して 1.2% の増減であり，目標値 10 cm に対して 7 cm であり，3 cm 大きくするので単位水量 W は 1.2% × 3 = 3.6% だけ大きくしなければならない．

単位水量 $\boldsymbol{W}$ $= 174(1 + 0.036) =$ **180 kg**

したがって，$W = 180$ kg，$W/C = 45\%$，$s/a = 40.3$ として，前と同じように各単位量の計算を行う．

単位セメント量 $\boldsymbol{C}$〔kg〕$= \dfrac{180}{0.45} =$ **400 kg**

セメントの絶対容積 $c = 400 \div 3\,170 = 0.126\ \mathrm{m^3}$

空気量 A〔$\mathrm{m^3}$〕$= 0.05\ \mathrm{m^3}$

全骨材の絶対容積 $a = 1 - (0.05 + 0.180 + 0.126) = 0.644\ \mathrm{m^3}$

細骨材の絶対容積 $s = 0.644 \times 0.403 = 0.260\ \mathrm{m^3}$

単位細骨材量 $\boldsymbol{S}$〔kg〕$= 0.260 \times 2\,570 =$ **668 kg**

粗骨材の絶対容積 $g = 0.644 - 0.260 = 0.384\ \mathrm{m^3}$

単位粗骨材量 $\boldsymbol{G}$〔kg〕$= 0.384 \times 2\,610 =$ **1 002 kg**

ここで求めた各材料の単位量により再度試し練りを行い，スランプと空気量を目標値と比べ，一致しない場合は何回も補正計算と練りを繰り返し行う．

そして，スランプと空気量が目標値と合致したら，次にスランプと空気量を一定に保ちながら，細骨材率 s/a を少しずつ変化させ，所定のワーカビリティーが得られる範囲内で最小の単位水量を見つけだし，この単位水量を基に計算した各材料の単位量を計画配合とする（ここでは，この試験は省略し，2 回目の配合をもって計画配合とした）.

表 4·12　計画配合表

粗骨材の最大寸法〔mm〕	スランプの範囲〔cm〕	空気量の範囲〔%〕	水セメント比 W/C〔%〕	細骨材率 s/a〔%〕	単位量〔kg/m^3〕				
					水 W	セメント C	細骨材 S	粗骨材 G	混和剤 F
25	10	5	45	40.3	180	400	668	1 002	AE 剤

ここで求めた計画配合を基に，実際に現場で練るための現場配合を次に求めていくのである.

9 経済的なコンクリートは現場の材料から

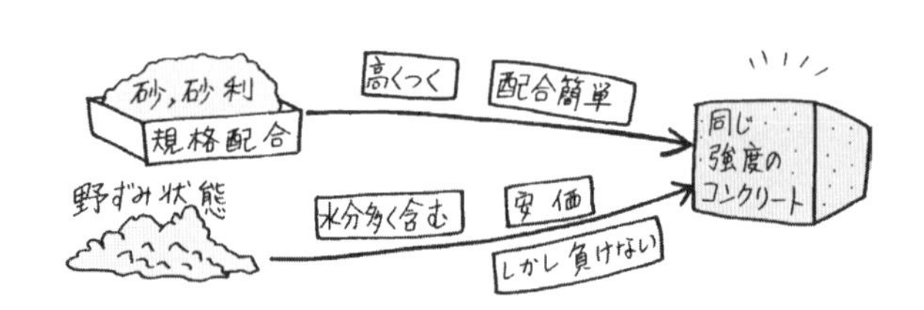

現場配合

現場配合とは，計画配合のように使用材料が規格どおりに調整されたもので配合設計をするのではなく，工事現場で入手した材料を用い，計画配合のコンクリートの品質と同一になるよう調整を行った配合をいう．現場での骨材は，計画配合で使用する材料のように調整されていないので，骨材内の含水量，5 mm ふるいにとどまる細骨材の量，5 mm ふるいを通過する粗骨材の量などを考慮して，計画配合と同じような現場配合表を作成する．

現場配合計算例

計画配合は表 4·12 のとおりであるが，現場で入手した骨材の状態が**表 4·13** のようであった．この現場の骨材を使用して計画配合の条件に合うコンクリートの配合を行ってみよう．

表 4·13　現場における骨材の状態

骨材の種類	5 mm ふるいを通過する質量〔%〕	5 mm ふるいにとどまる質量〔%〕	表面水率〔%〕
細骨材	93	7	3.5
粗骨材	5	95	1.0

手順 ⑦

(1) 粒度による調整

計画配合では

・5 mm ふるいに留まる（5 mm 以上）のものが 1 002 kg

・5 mm ふるいを通過する（5 mm 以下）のものが 668 kg

あればよいことを示している．ところが現場における骨材には

・5 mm 以上のものが細骨材の中に 7%，粗骨材の中に 95%含まれている．

・5 mm 以下のものが細骨材の中に 93%，粗骨材の中に 5%含まれている．

いま，現場にある単位細骨材量を x，単位粗骨材量を y とすると

・5 mm 以上のもの ⇒ $0.07x+0.95y=1\,002$　①

・5 mm 以下のもの ⇒ $0.93x+0.05y=668$　②

という連立方程式①，②ができ，これから x と y を求めると

$$x=664\ \text{kg},\quad y=1\,006\ \text{kg}$$

となる．

また，$x+y=668+1\,002$ との連立方程式から求めてもよい．

(2) 表面水率による調整

・現場の細骨材には 3.5％の表面水量が含まれているので

細骨材の表面水量 ＝ 664 × 0.035 ＝ 23 kg

・現場の粗骨材には 1.0％の表面水量が含まれているので

粗骨材の表面水量 ＝ 1 006 × 0.01 ＝ 10 kg

(3) 現場配合の計算

・単位水量は，W ＝ 180 kg から，全骨材の表面水量 23 ＋ 10 ＝ 33 kg を減らすので，$\boldsymbol{W}$ ＝ 180 − 33 ＝ **147 kg**

・単位細骨材量は，（1）で求めた 664 kg に表面水量分だけ加えるので

$\boldsymbol{S}$ ＝ 664 ＋ 23 ＝ **687 kg**

・単位粗骨材量も（1）で求めた 1 010 kg に表面水量分だけ加えるので

$\boldsymbol{G}$ ＝ 1 006 ＋ 10 ＝ **1 016 kg**

となる．

いままでの計算から現場配合表は次のようになる（**表 4･14**）．

この現場配合表により，現場にある各材料を正確に計量しコンクリートを練ると，その品質は計画配合表で練ったコンクリートと同一になる．

表 4･14　現場配合表

粗骨材の最大寸法〔mm〕	スランプの範囲〔cm〕	空気量の範囲〔%〕	水セメント比 W/C〔%〕	細骨材率 s/a〔%〕	単位量〔kg/m³〕				
					水 W	セメント C	細骨材 S	粗骨材 G	混和剤 F
25	10	5	45	40.3	147	400	687	1 016	AE 剤

4章のまとめ問題

【問題 1】 コンクリートを造るときの各材料の使用量を決めることを（　　）という.

【問題 2】 コンクリートの配合設計においては，各材料の（　　）をもとに，使用量を計算する.

【問題 3】 コンクリートの（ ① ），（ ② ），（ ③ ）を有するように配合設計をする.

【問題 4】 配合強度とは，（ ① ）に（ ② ）を掛けて求める.

【問題 5】 コンクリートの品質を左右する（ ① ）は，水とセメントの比率である.

【問題 6】（土木施工管理技術検定試験対策問題）

コンクリートの性質および配合に関する次の記述のうち，誤っているものはどれか.

(1) セメント比が大きくなると，コンクリートは強度が大きくなるばかりでなく耐久性も向上する.

(2) コンクリートの配合強度は，現場におけるコンクリートの品質のばらつきを考えて，設計基準強度を割増しして定める.

(3) コンクリートのスランプは，作業に適する範囲であればできるだけ小さく定める.

(4) 計画配合を現場配合に直しても，でき上がったコンクリートの品質は計画配合と同一となる.

5章

フレッシュコンクリートの性質

コンクリートは，硬化後形を変えることはできないが，固まる前であれば形や寸法に制限を受けることなく自由な形の構造物をつくることができる．これは，土木材料として実に大きな利点である．しかし，固まる前のコンクリートには，いろいろな特性がある．水が少ないと硬練りコンクリートとなり，型枠のすみずみまでコンクリートがいきわたらない．練り混ぜが不十分であると軟弱練りコンクリートとなり骨材とセメントの密度の違いから材料の分離を起こしたりする．どのようなコンクリートが良いコンクリートなのか考えなければならない．

フレッシュコンクリートとは，固まる前のコンクリートのことです．

この章では，フレッシュコンクリートの性質を知り，コンクリート打設時の工事に役立てることを説明する．

1 離れず動け

良いフレッシュコンクリート

配合設計も終わって，いよいよコンクリートの打設ということになるが，コンクリートの施工方法については他書『絵とき 土木施工（改訂 2 版）』で解説してあるので，ここでは打設時に求められる良いフレッシュコンクリートの性質や，施工の基本的なことについて見てみよう．

良いフレッシュコンクリートとは，次のような性質を持ったものである．

フレッシュコンクリートは，**図 5·1** のように運搬・打込み・締固め・仕上げなどの作業に適する軟らかさ，ワーカビリティー（7 ページ参照）を持ち，材料の分離もなく，仕上げやすいフィニッシャビリティーもあるものが良いコンクリートといえる．

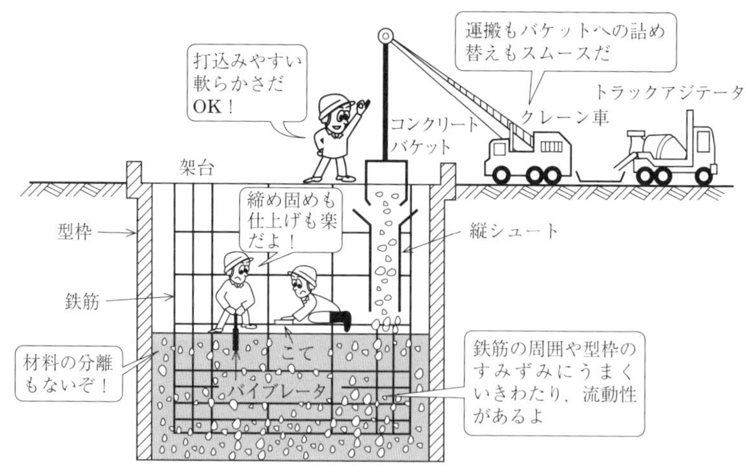

図 5·1　シュートによる打設

それでは，コンクリートの施工の運搬・打込み・締固めについて見てみよう．

型枠

型枠の材料は木板，合板，鋼材などがある．コンクリートに接する板をせき板といい，コンクリートを打ち込む前に剥離剤または水で十分に濡らしておく．

図 5·2 に示すように，型枠の組立てでは型枠相互の間隔を正く保つために，Pコンとセパレータを用い，フォームタイで締め付ける．その他にも，型枠工事では図 5·2 に示すような工具等を用いる．

Pコン

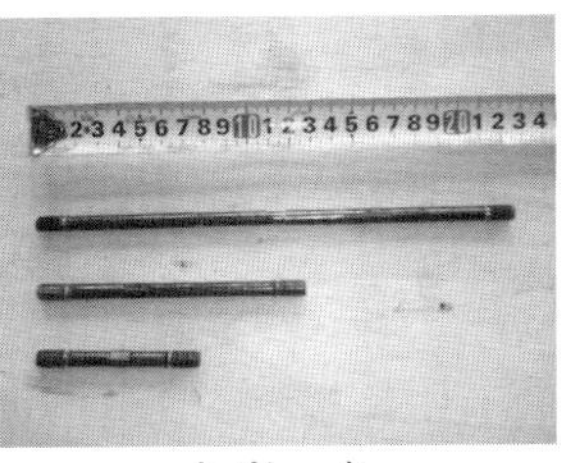

セパレータ

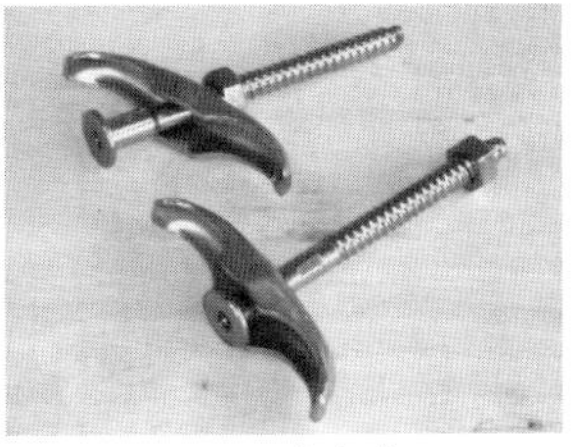

フォームタイ

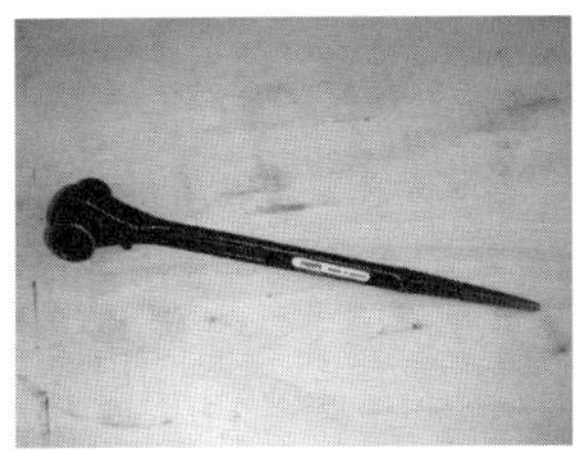

シノ付きラチェット
ボルトの締め付け工具等として
（表と裏で径が異なる）

クランプ
単管等の固定として
（直交・自在・垂木止め等）

スペーサ
鉄筋位置の保持として
（鋼製やコンクリート製）

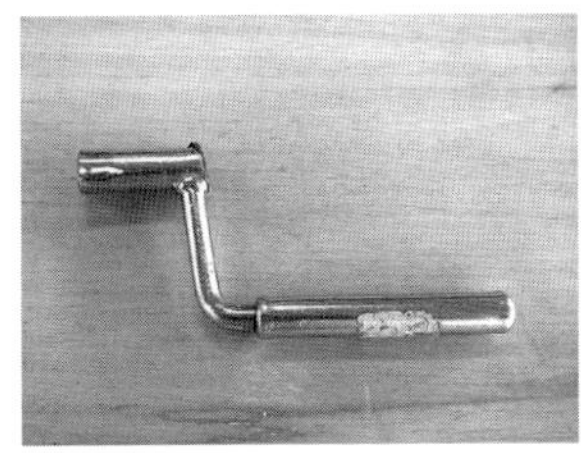

Pコンまわし
取外し工具等として

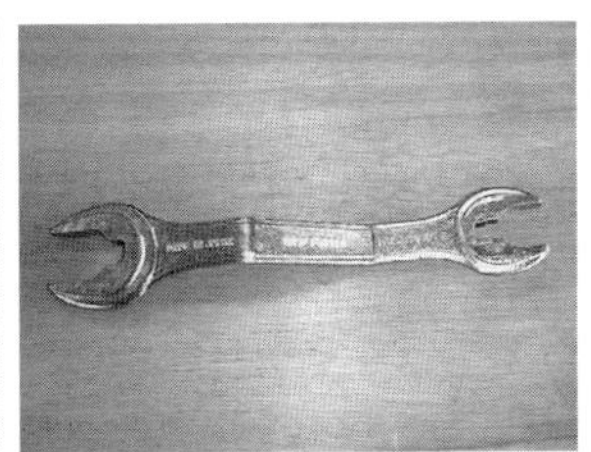

フォームタイスパナ
取付け・取外し工具として
（4 サイズが使用できる）

モッコンごて
Pコン撤去後の穴埋めとして
（左右でサイズが異なる）

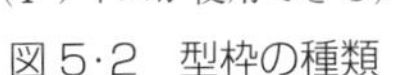

図 5·2　型枠の種類

型枠は必ずはく離剤
か水でぬらしておく
必要があります．

コンクリートの運搬

練り混ぜたフレッシュコンクリートは，材料の分離やこぼれることのないように，すみやかに運搬することが大切である．

〔1〕 **運搬時間**

・25℃以上 ⇒ 1.5 時間以内
・25℃以下 ⇒ 2 時間以内
} トラックアジテータで運搬する場合で，荷卸し前に高速回転して材料の分離を防ぐ．

〔2〕 **運搬手段**

運搬手段には**図 5·3** のような方法があるが，現場の地形や規模などによって選ぶことになる．

① トラックアジテータ（生コン運搬車）

（運搬距離が長い場合
スランプが大きい場合）

② ダンプトラック

（運搬距離が10km以下
スランプが5cm以下）

③ ベルトコンベヤ

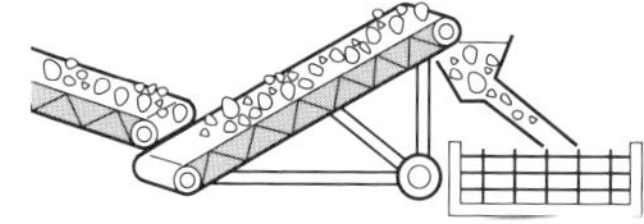

（距離が長い場合は，覆いをする）

④ コンクリートポンプ

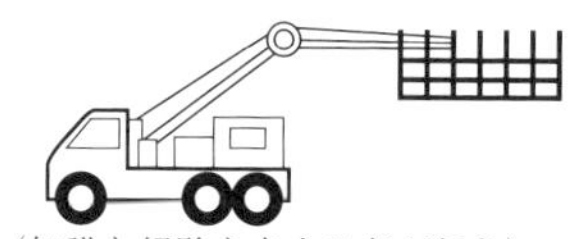

（知識と経験を有する者が行う）

⑤ バケット

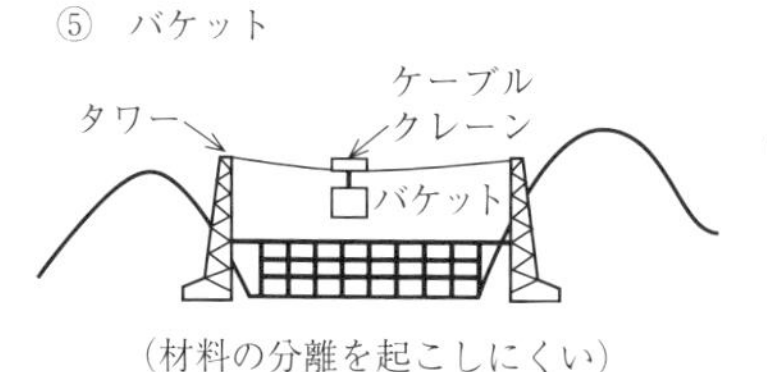

（材料の分離を起こしにくい）

⑥ シュート

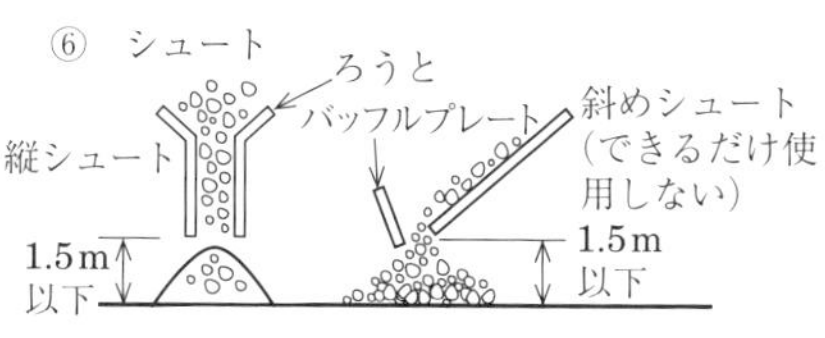

（斜めシュートはやむを得ない場合に使用）

図 5·3 フレッシュコンクリートの運搬手段

コンクリートの打込み

コンクリートの打込みに必要な打込み準備と打込み時の留意点には，次のようなものがある．

〔1〕 **打込み準備の留意点**

① 鉄筋と型枠の点検と図面の照合．特に型枠はよく清掃し，湿気を与えておく．
② 型枠内にたまった水の排水処理をしておく．

〔2〕 打込み時の留意点（図 5·4 参照）

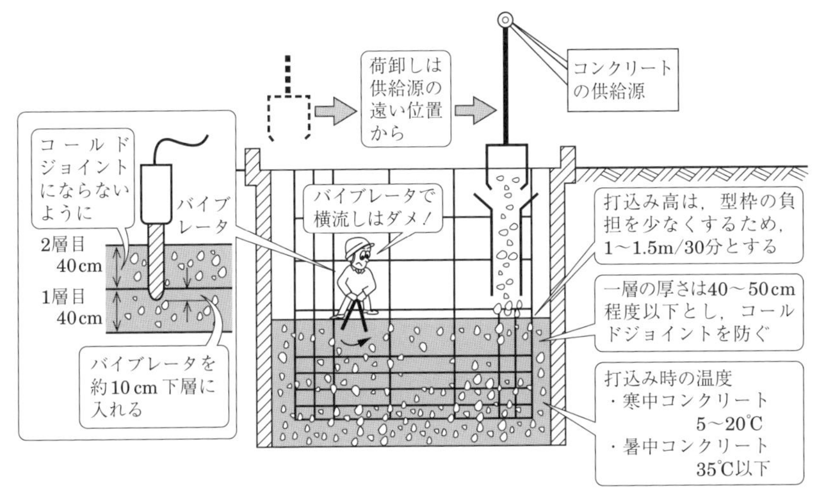

図 5·4　コンクリートの打設

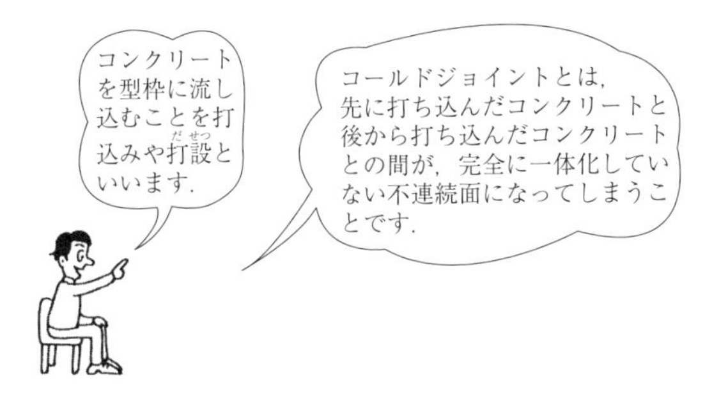

コンクリートの締固め（しめかた）と仕上げ

打設後のコンクリートは，一般に内部振動機（バイブレータ）を用いて**図 5·5** のように施工する.

内部振動機が使用できない場合は型枠振動機や突き棒で突き気泡を除去し，密にする.

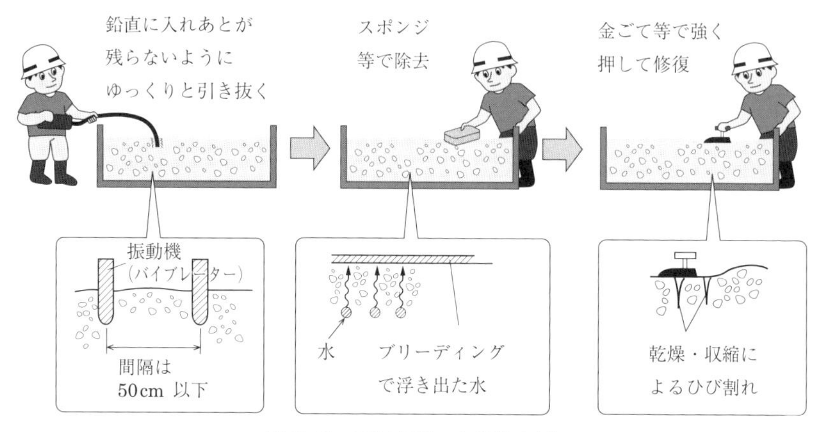

図 5·5 コンクリートの仕上げ

締固めは，再流動化のできる範囲内で再振動するとコンクリート内の空げきが少なくなり，鉄筋の付着もよくなる．ブリーディング水を除去後，金ごてで仕上げる．

打継目（うちつぎめ）

コンクリートを打込む際の新旧コンクリートの継目を打継目という．打継目は，せん断力が小さい位置に設け，上層，下層の打継目の位置はずらす．打継目には水平打継目と鉛直打継目がある．

打継目では旧コンクリート面をワイヤーブラシなどでレイタンスや浮いた骨材を除去し，表面を粗にして十分に吸水させる．またセメントペーストやモルタルを塗った後，コンクリートを打込む．

流動性と材料の分離

コンクリートの**流動性**とは，フレッシュコンクリートが自重や振動によって流動する現象をいい，シュートによる打設や型枠のすみずみまでいきわたるかなど，コンクリートの施工に大きく影響する．

流動性の良否に関係するのは，粗骨材の最大寸法と骨材の粒度であり，単位水量をできるだけ少なくして流動性を増すために，AE 剤や減水剤などの混和剤が使用される．

また，**材料の分離**は，コンクリートに使用する各材料の密度が異なるために生じるので，施工上材料の分離が起こらないように十分に配慮する必要がある．

特に，**ブリーディング**と**レイタンス**の処理は，適正に行うことが大切である．レイタンスは，これを完全に除去しないと，打ち継いだコンクリートは一体化しないので，規模の大きいマスコンクリートでは要注意である．

ブリーディングとは，コンクリート打設後表面に出てくる水などのことをいいます．

レイタンスとは，ブリーディング水とともにコンクリート表面に出てきたセメントや骨材の微粒子のことをいいます．レイタンスをしっかり取り除かないと，コールドジョイントの原因になります．

フレッシュコンクリートの用語

フレッシュコンクリートの性質を表す用語として，次のようなものがある．

① **コンシステンシー**（consistency）：水量の多少による変形・流動に対する抵抗の程度を表し，一般にこの値が大きいと作業は容易になるが，材料が分離しやすくなる．

② **ワーカビリティー**（workability）：コンシステンシーおよび材料の分離に対する抵抗の程度によって定まる性質で，コンクリートの運搬・打込み・締固め・仕上げなどの作業の容易さを表す．

③ **プラスチシティー**（plasticity）：型枠に詰めやすく，また型枠を取り去るとゆっくり変形し，材料が分離してばらばらにくずれることのないコンクリートのねばりの程度を表し，施工上プラスチシティーなコンクリートほど良いといえる．

④ **フィニッシャビリティー**（finishability）：粗骨材の最大寸法・細骨材率・骨材の粒度およびコンシステンシーによる仕上げやすさの程度を示し，仕上げにくい場合は骨材の粒度や水量に問題があるといえる．

⑤ **ポンパビリティー**（pompability）：コンクリートをポンプで圧送する場合，コンクリートの種類や品質，粗骨材の最大寸法，圧送条件などによる圧送作業の容易さの程度を表す．

2 空気の進入，その正体は

空気量

空気量とは，打込み直後のコンクリートに含まれている空気のコンクリートに対する容積百分率である．

コンクリート中の気泡には，エントレインドエア（entrained air）とエントラップドエア（entrapped air）がある．

〔1〕 **エントレインドエア**　AE 剤または AE 減水剤の使用によって練り混ぜたときに，コンクリート中に発生させる微細気泡である．この気泡は，AE 剤で周囲に保護されているため，コンクリート中で凝集，合体することなく，独立して分散している．このために，**図 5·6** のように砂粒子のまわりでボールベアリングのような働きをし，コンクリートの流動性を増す役割を持っている．さらに，気泡の大きさが微細な砂粒子と同等なため，微細砂と同じ役目を持ち，モルタル部分の保水性を増加する．

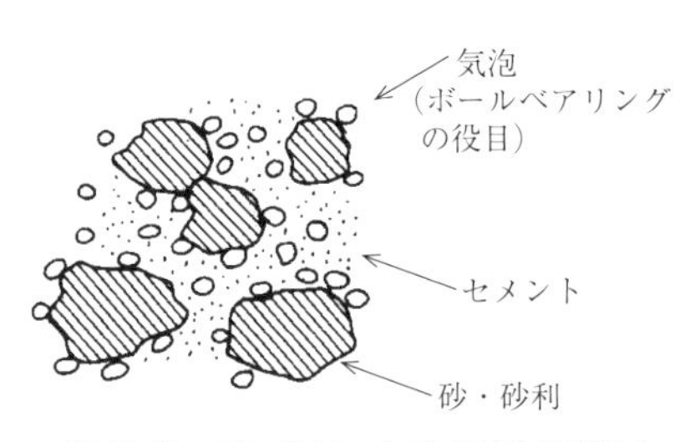

図 5·6　コンクリート中の空気の役目

〔2〕 **エントラップドエア**　コンクリート中に含まれるエントレインドエア以外の空気をいい，打設時にコンクリート中に自然に含まれる空気の泡をいう．この空気は，振動締固めにより，大粒のエントラップドエアを逃がすことができる．

AE コンクリート

コンクリート中に非常に細かい気泡を多数混入することによって，コンクリートに必要ないろいろの性質を良くしたコンクリートを **AE コンクリート**（air entrained concrete）という．

AE コンクリートは，コンクリートを練る際に，AE 剤を使って顕微鏡で見える程度の微細な気泡をつくらせたものである．この気泡が，コンクリートをワーカビリティーな，しかもねばり気のある，耐久性のあるものにし，分離が生じにくく，仕上げが容易であるため，経済的にも有利なコンクリートをつくることができ，いくつかの用途を持った AE 剤が市販されている．

なお, AE コンクリートの空気量の標準値を**表 5·1** に示す．

表 5·1　AE コンクリートの空気量の標準値

コンクリートの種類	粗骨材の最大寸法〔mm〕	セメント量〔kg/m³〕	空気量〔%〕
マスコンクリート	80 ～ 150	180 ～ 245	3.0 ± 1.0
道路コンクリート	40 ～ 50	280 ～ 340	4.5 ± 1.5
構造物用コンクリート	20 ～ 40	300 ～ 390	5.0 ± 2.0

マスコンクリートとは，部材や構造物の寸法が大きいコンクリートです．

AE 剤とは異なり，減水剤と呼ばれる混和剤もある．これは，セメント粒子を分散させることによって，コンクリートの所要のワーカビリティーを得るのに必要な単位水量を減らすことを目的としたものである．これはセメントを分散させることで同時に空気量も得られる．

AE コンクリートにも強度がいくぶん低下するという欠点はあるが，使用水量を減らすことにより，ワーカビリティーに富んだコンクリートとなる（**表 5·2**）．

表 5·2　普通コンクリートと AE コンクリートの水セメント比の違い

水セメント比	普通コンクリート		AE コンクリート空気量 4%	
	セメント量〔kg/m³〕	材齢 28 日程度〔N/mm²〕	セメント量〔kg/m³〕	材齢 28 日程度〔N/mm²〕
0.40	418	38	362	31
0.42	390	36	348	30
0.44	376	34	335	28
0.46	362	32	320	27
0.49	335	30	293	25
0.53	307	27	279	23
0.58	279	25	251	20
0.62	265	23	237	19

3 固まる前のコンクリートは

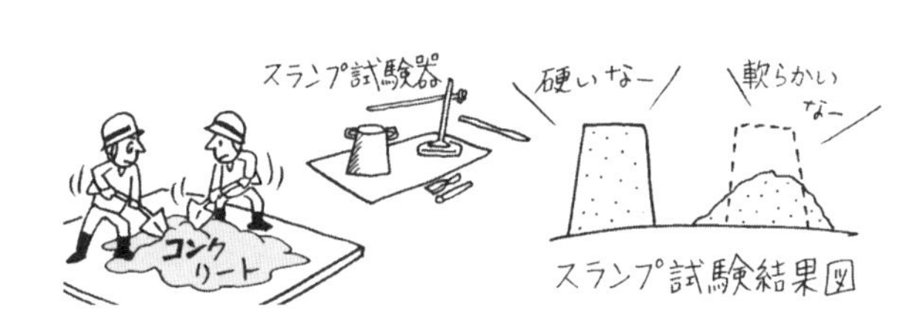

フレッシュコンクリート

フレッシュコンクリートは，プラスチシティーでワーカビリティーに富んだものでなければならない．練ったフレッシュコンクリートが，これらの性質を持っているかどうかを判断するための試験方法として，**スランプ試験**と**空気量の試験**がある．この二つの試験は，配合設計での試し練りや，生コンの受入検査（p.134 参照）で行う重要な試験なので，ここで試験方法の概要について説明する．

スランプ試験（JIS A 1101）

スランプ試験は，コンクリートのコンシステンシーを測定する試験であり，コンクリートのワーカビリティーを判断する手段として広く用いられる．

スランプ試験に用いる試験用の器具を**図 5·7** に示す．**図 5·8** でスランプ試験の手順を説明する．

図 5·7　スランプ試験用器具

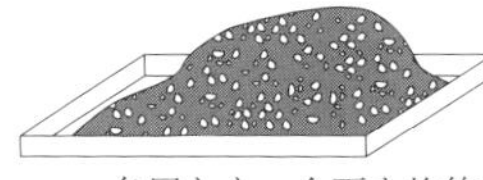

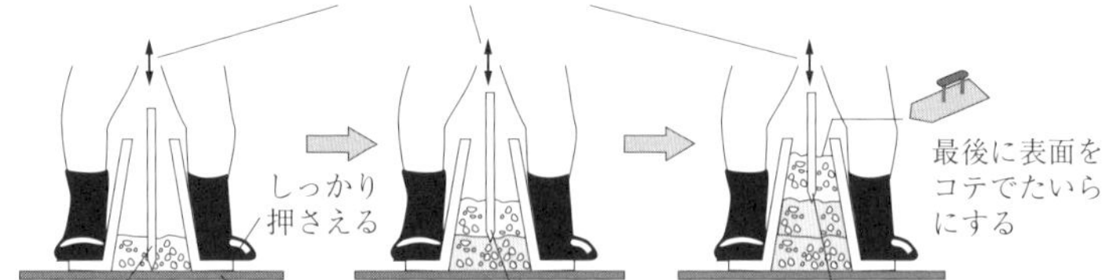

図 5·8　スランプ試験 1

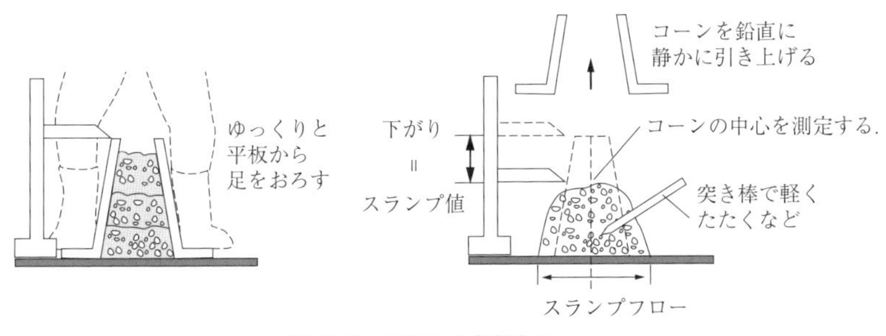

図 5·8 スランプ試験 2

スランプ試験の結果から，およそ**表 5·3** のように判定できる．

表 5·3 スランプ試験の結果により判定

試料	No. 1	No. 2	No. 3	No. 4
スランプコーンを持ち上げたとき	スランプ小 全体がふくらむようにゆっくりスランプする	スランプ小 いまにもくずれそうだが，なんとか形を保つ	スランプ大 全体が粘土のようにゆっくりスランプし，表面にはつやがあり全体的に重みがある	スランプ大 コーンを持ち上げると同時に一気に崩れパサパサした感じだ
側面を突き棒で軽くたたき、こてで仕上げてみる	粘りけがあり全体がゆっくり沈み，こて仕上げも容易で材料の分離なし	一気にくずれ材料も分離し粘りけもなく，こて仕上げはできない	粘りけがありスランプは大きいが材料の分離もなく，こて仕上げが楽しくできる	表面に粗骨材があったりして材料分離も多く，こて仕上げはお手上げだ
判定	ワーカビリティーにやや欠けるが，他は良好．道路やダムなどスランプの小さい施工に適する	好ましくないコンクリート．原因は ① 粗骨材の最大寸法や s/a などの骨材の粒度 ② W/C の選定	コンシステンシーにやや欠け，スランプが大きいがワーカビリティーも良好で，鉄筋コンクリートの施工に適する	好ましくないコンクリートだが，軟らかいので捨てコンなどに使用する．原因は ① W/C の選定，w が多い ② 骨材の粒度

4 ボイルの法則も必要

この測定方法は
ボイルの法則を
利用したもの
だぞ
PV＝一定
P は気圧
V は容積

フレッシュコンクリートの空気量の測定

空気量測定法には質量方法（JIS A 1116），容積方法（JIS A 1118），空気室圧力方法（JIS A 1128）の３種類がある．ここでは一般的な測定法である空気室圧力方法について述べる．

空気室圧力方法で使用する試験用器具を**図 5·9，5·10** に示す．

図 5·9　空気量の試験用器具

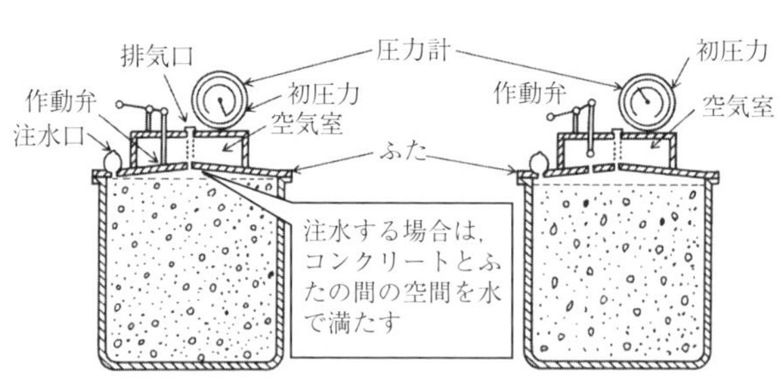

（a） 空気室の圧力を所定の圧力に高めた場合（指針は初圧力を示す）　（b） 作動弁を開いてコンクリートに圧力を加えた場合（指針は見掛けの空気量を示す）

図 5·10　ワシントン型エアメーターの構造

空気量を測定するために使用されているワシントン型エアメーターは，容器内に練ったコンクリートを3層に分けて入れる．その上にふたを取り付け，ふたの注入口から水を注入し，完全に中の余分な空気を追い出して弁を閉じる．その後，空気室内の圧力を所定の圧力まで高め，弁を開放し，空気室，コンクリート試料面のすき間，コンクリート中に含まれる気泡内の圧力とつり合わせ，その圧力を測定することにより，コンクリート内の空気量を算定する．

〔実験操作〕

（1）　**見かけの空気量の測定**

①　容器に3層にコンクリートを詰める（**図5·11**）．

②　表面をならして水を注入する（**図5·12**）．

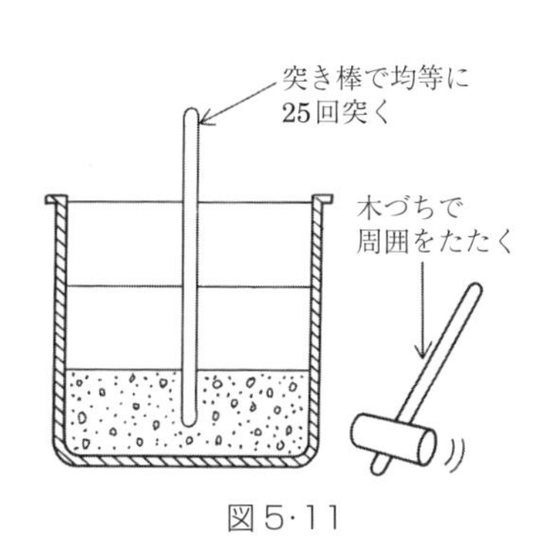

図5·11

図5·12

③　空気室の圧力を初圧力まで上げる．

④　作動弁を開けて圧力が安定してから空気量 A_1〔%〕を読み取る．

ここで求めた空気量 A_1 は，コンクリート中の空げきだけでなく，骨材粒の内部にも圧入された水量も含まれ，この関係から求めた値を**見かけの空気量**という．したがって，コンクリート中の空げきに含まれる空気量は，見かけの空気量 A_1 から骨材粒内の空気量（骨材修正係数という）を差し引かなければならない．骨材修正係数は試験によって求めるが，天然骨材で多孔質のもので0.3%程度として計算するか，あるいは見かけの空気量を空気量として報告している例が多い．

骨材修正係数を求める試験は，ここでは省略する．

5章のまとめ問題

【問題1】 まだ固まらないコンクリート（　　）という．

【問題2】 次の語句と説明を線で結びなさい．

コンシステンシー	・	・	仕上げのしやすさ
ワーカビリティー	・	・	変形や流動に対する抵抗
プラスチシティー	・	・	コンクリート作業全般の容易さ
フィニッシャビリティー	・	・	材料が分離しないねばり

【問題3】 コンクリート打設後にコンクリート表面に練混ぜ水の一部が上昇する現象を（　①　）といい，その後，乾燥すると，白い物が残る．これを（　②　）という．

【問題4】 AE剤またはAE減水剤の使用によってコンクリート中に微細な気泡ができる．これを（　①　）という．また，コンクリート中に自然に含まれる気泡を（　②　）という．

【問題5】（土木施工管理技術検定試験対策問題）

コンクリートに使用される用語に関する次の記述のうち，正しいものはどれか．

(1) ワーカビリティーとは，接続荷重によってコンクリートに起こる塑性変形のことをいう．

(2) レイタンスとは，フレッシュコンクリートまたはモルタルから水が上昇してくる現象のことをいう．

(3) AEコンクリートでは，空気量が増すとコンクリートの強度が小さくなる．

(4) フレッシュコンクリートのコンシステンシーは，ワーカビリティーの重要な要素の一つであり，スランプ試験で測定する．

6章
硬化したコンクリートの働き

コンクリートが硬化し，所定の強度を得るためには，いろいろな条件が必要である．配合設計されたコンクリートでも，打設後の経過時間や温度，湿度，養生方法などによって，コンクリートの強度にはばらつきがみられる．しかも異なった強度を持つ材料でつくられているため，一定の強度にすることは，コンクリート二次製品をつくるよく管理された工場以外の，特に現場で打設されたコンクリートでは，なかなか難しい．そのためコンクリートの強度を知ることは重要なことであり，必ず強度試験が行われている．コンクリートの強度には，圧縮強度，引張強度，曲げ強度，せん断強度，ねじり強度，支圧強度，付着強度などがあり，これはそれぞれの応力に対して**抵抗できる力の大きさ**，つまり**コンクリートの強さ**を示している．

コンクリートは圧縮強度が強く，引張強度は弱い材料である．これらの強度の中では，圧縮強度が最も大切であり，単にコンクリートの強度といえば圧縮強度のことをいう．この章では，圧縮強度の重要性と圧縮強度に影響を与える要因を知り，さらに，その他の強度とはどのようなものか，また，硬化したコンクリートにはどのような特性があるのかについて説明する．

1 圧縮力には負けないぞ

圧縮強度を左右する要因

コンクリートの強度のうち，最も重要なものは圧縮強度である．コンクリートを構造用材料として使用する場合には圧縮強度が大きいという性質をうまく利用している．また，鉄筋コンクリート部材の引張応力が作用する部分では，コンクリートの引張抵抗力は無視し，鉄筋のみで抵抗できるように設計している．一般にコンクリートは，圧縮強度が大きいほど耐久性，水密性も大きく，コンクリートに悪影響を及ぼすアルカリ骨材反応や中性化，塩害などにも抵抗できる（**図 6·1**）．

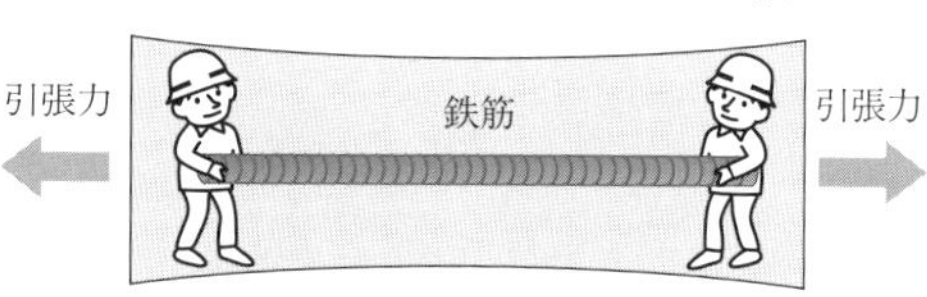

図 6·1　コンクリートの部材内の鉄筋の役割

それでは，硬化したコンクリートの性質に及ぼす影響について見てみよう．

使用材料の影響

コンクリートの材料は，セメント，水，砂，砂利の混合物であり，これらの材料が一つでも悪ければ，良いコンクリートはできない（**図 6·2**）．

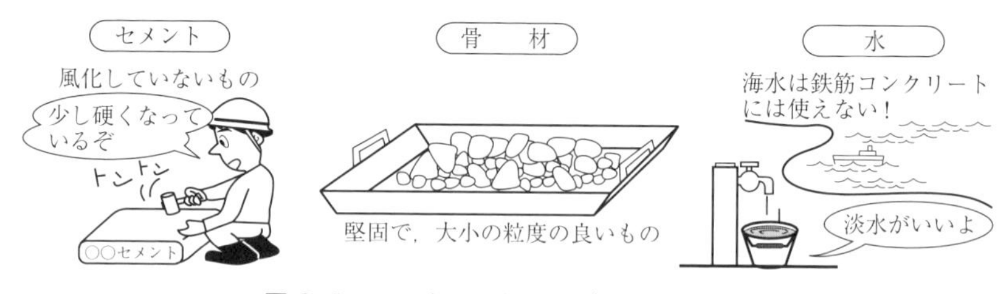

図 6·2　コンクリートに及ぼす影響

配合の影響

コンクリートの強度を左右するものの一つに水セメント比 W/C があり，これを求めるにはセメント水比 C/W

と圧縮強度の直線関係（図 4·15）から計算した．このことについては，第 4 章の配合設計ですでに説明している．

図6·3からもわかるように，セメント水比 C/W が大きくなり，セメント量を多くすれば当然圧縮強度 f'_r は大きくなるが，セメントは高価であり，経済的なコンクリートとはいえない．所要の強度や耐久性・水密性を持ち，しかも経済的なコンクリートをつくるという考えで水セメント比 W/C を決めることが大切である．

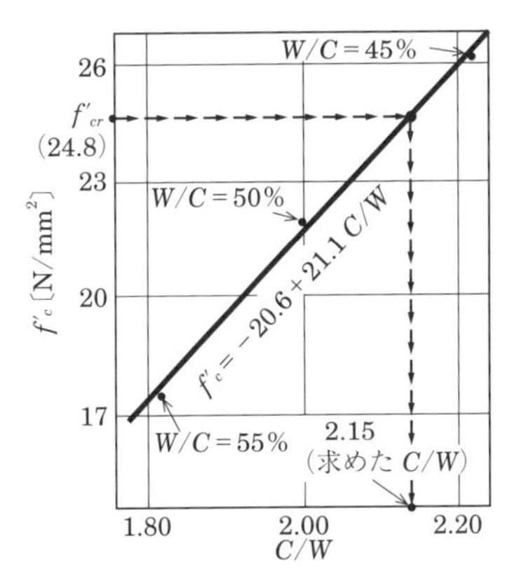

図 6·3　C/W と圧縮強度の関係

練混ぜ，締固めの方法による影響

材料の練混ぜが不十分であると，セメントペーストが全体に一様にいきわたらず強度が弱くなる．市販のミキサでの練混ぜ時間は，傾胴型ミキサ（**図 6·4**）で 1 分 30 秒，強制かくはん型ミキサ（**図 6·5**）で 1 分程度が標準である．

図 6·4　傾胴型ミキサ

図 6·5　強制かくはん型ミキサ

図 6·6　二軸強制かくはん型ミキサ

コンクリートの締固めが不十分であると，中に空気や余分な水が残って固まったのち，その部分が空げきとなり，強度が弱くなる．また，内部振動機（バイブレータ）による締固めの度が過ぎると，材料の分離を起こすことがある．

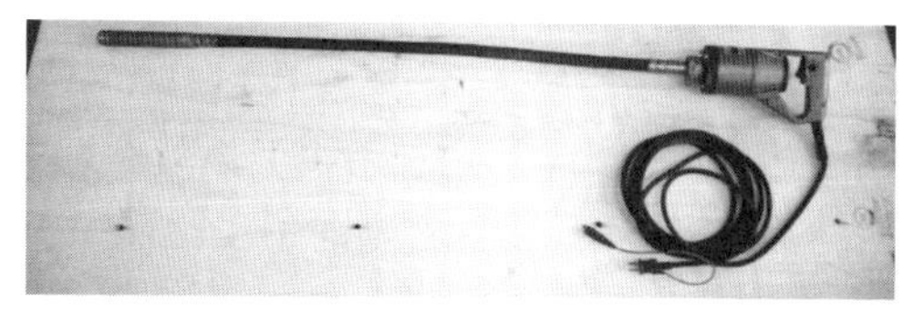

図 6·7 内部振動機（バイブレータ）

表 6·1 練混ぜ時間

ミキサの種類	練混ぜ時間
傾胴型	1 分 30 秒
強制撹拌型	1 分

養生による影響

コンクリートはセメントペーストの化学変化によって硬化し，固形体となる．化学変化が完全に進むように，特に初期においてコンクリートを保護することを**養生**（ようじょう）という．養生方法は，コンクリートの露出面が乾燥し，化学変化に必要な水分がなくなるのを防ぐため，一般に水分を含ませた布やシートで覆う湿潤養生（**図 6·8**）が用いられている．また，養生は温度変化や衝撃からコンクリートを保護する役割も果たしている．なお，コンクリートの養生による圧縮強度への影響としては，養生方法，養生期間，養生温度などがあげられる．

図 6·8 湿潤養生

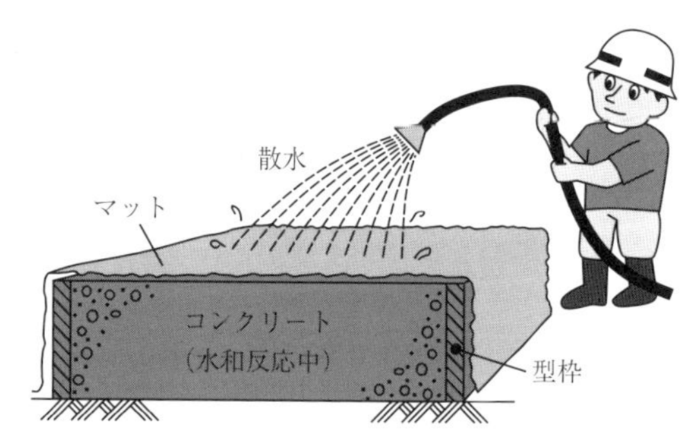

コンクリートをマットで覆ってその上から散水することにより，コンクリート中の水分の蒸発を防ぎ，水和反応が順調に進み強度が増していく．

図 6·9 養生の基本

① 養生方法は，絶えず湿潤状態を保つことにより，コンクリートの強度は，材齢とともに増加する（**図 6·10**）．

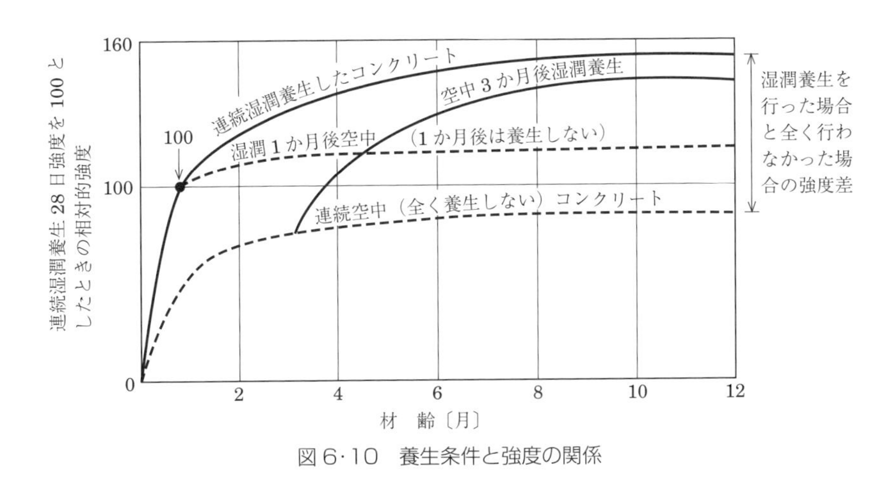

図 6·10　養生条件と強度の関係

② 養生期間中は，湿潤状態と乾燥状態を繰り返すと，コンクリート表面にひび割れを生じるおそれがあるので，常に湿潤状態を保つこと．

③ 養生温度は，45℃程度以下の範囲で湿潤温度が高いほど初期の強度は増大する．

④ 図 6·10 から，連続湿潤養生したコンクリートと全く養生しない連続空中コンクリートの 12 か月後の強度差がかなり大きいことがわかる．このことは，いかにコンクリートにとって養生が大切なのかを表している．また，養生を行えば長期にわたって強度が伸び，養生を止めた時点で強度の伸びがほとんどないこともわかる．

ダムなどの大規模構造物の養生はどうするの？

コンクリートの打継面は湛水（たんすい）養生（コンクリート表面に水を張る養生方法）とする．湛水養生の水深は 5 cm 程度を保つようにし，作業等により湛水養生できない場合はスプリンクラーなどで散水する散水養生をして乾燥しないようにする．また，堤体の法面部分は水を流す散水養生で表面の乾燥を防ぎ，水和反応が十分行われるようにしている．

2 いろいろな圧力をかけてみよう

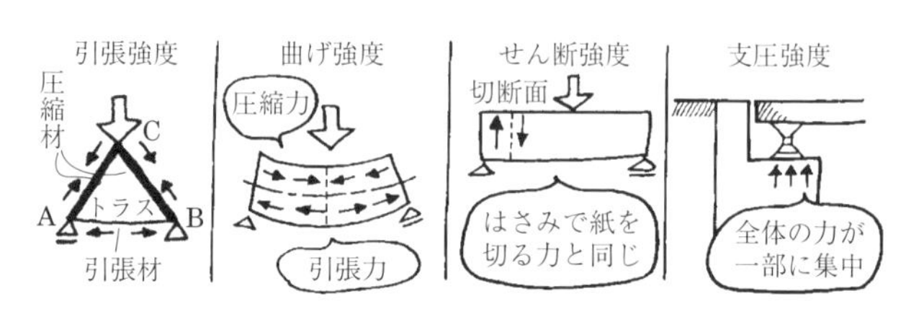

引張強度

上図左端のトラスの各部材に作用する力は，$\overline{AC}$ 部材および $\overline{BC}$ 部材に圧縮応力が，$\overline{AB}$ 部材には引張応力が作用している．仮にこのトラスを鉄筋コンクリートでつくるとすると，$\overline{AC}$ および $\overline{BC}$ 部材に作用する圧縮応力に対してはコンクリートが受け持ち，$\overline{AB}$ 部材に作用する引張応力に対しては，コンクリートは無視して，鉄筋だけで受け持つとして設計する．

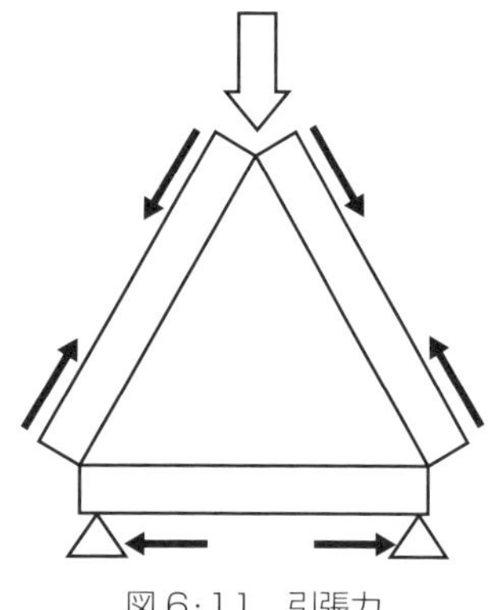
図 6·11　引張力

これは，コンクリートの引張強度が圧縮強度の**約 1/10 ～ 1/13** 程度と小さいために，鉄筋の応力度が降伏点に達しない前にコンクリートにひび割れができてしまうからである．

曲げ強度

曲げ強度とは，**図 6·12** のコンクリートのはりに荷重を載荷させると，はり（梁）はたわみ，上縁側に圧縮応力，下縁側に引張応力が生じる．引張応力を受けた下方からひび割れが生じ，折れてしまう．このときの下方縁に近い面積 1 cm² に働く力が曲げ応力であり，これに抵抗する力が曲げ強度となる．すなわち，曲げ強度とは**曲げと引張りに抵抗**

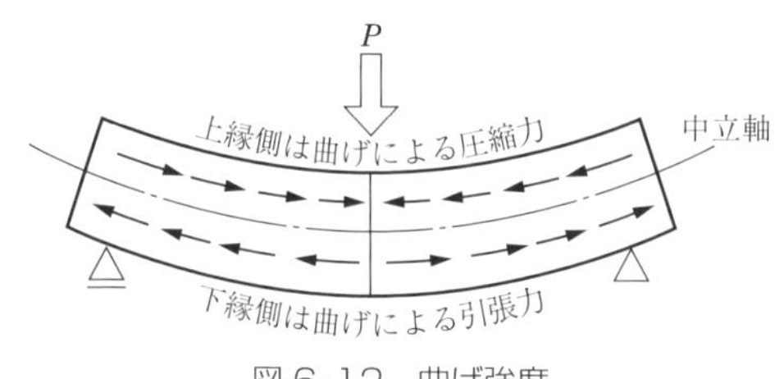

図 6·12　曲げ強度

する力のことである．

コンクリートの曲げ強度も圧縮強度の 1/5 ～ 1/8 と弱いので，**図 6·13** のように鉄筋コンクリートのはりの断面を検討するときは，上縁側に作用する圧縮応力にはコンクリートが抵抗し，下縁側に作用する引張応力には，コンクリートに生じる引張応力を無視して，鉄筋だけで受け持つとして計算する．

曲げ強度は，舗装用コンクリートスラブの安全性の検討に大切な値である．

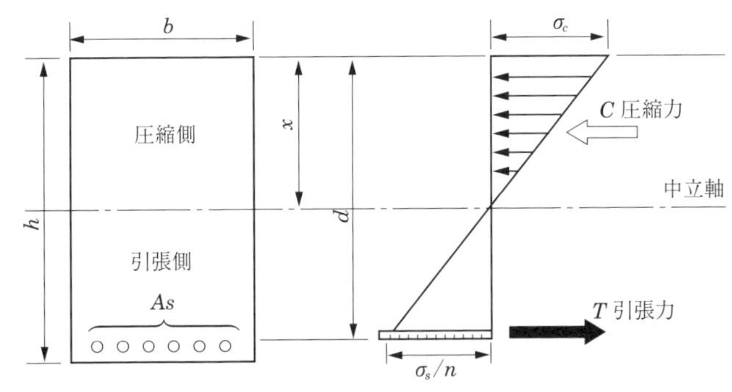

図 6·13　単鉄筋長方形ばりの圧縮力，引張力

表 6·1　圧縮強度と引張強度と曲げ強度の関係

圧縮強度	引張強度	曲げ強度
1	1/10 ～ 1/13 程度	1/5 ～ 1/8 程度

※圧縮強度を基準とする

せん断強度，支圧強度

部材におけるせん断現象には，**曲げせん断**，**ねじりせん断**および**押し抜きせん断**がある．

曲げせん断は，**図 6·14**（a）のように，垂直荷重によって，互いに水平，または垂直方向にずれようとする力学的現象である．

ねじりせん断は，図 6·14（b）のように，丸鋼などが回転によるずれを起こそうとする現象である．

押し抜きせん断は，図 6·14（c）のように，広い板状の部材に荷重が集中的に加わり，載荷面で押し抜かれる現象である．

コンクリートのせん断強度は，引張強度より大きいので，純粋なせん断破壊を起こす前に，斜め引張力（はりの内部で，せん断応力と軸方向応力の合成によっ

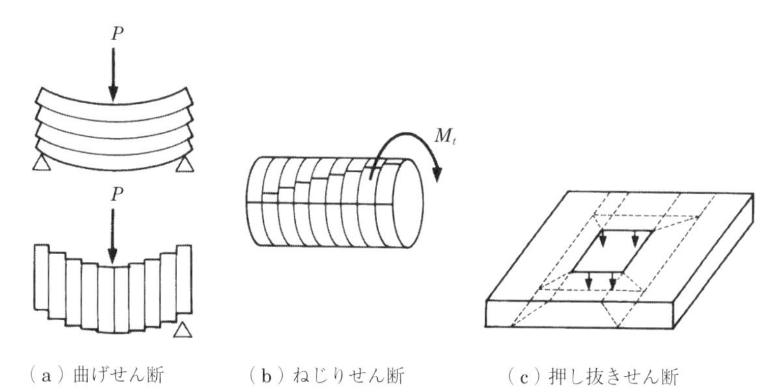

（a）曲げせん断　（b）ねじりせん断　（c）押し抜きせん断

図6·14　各種せん断の種類

て生じる引張力）などにより破壊してしまう．

コンクリートの**支圧強度**とは，橋脚および橋台の支承部のように，圧縮力が局部的に加わる部分の強度をいう（**図6·15**）．

土木学会編「コンクリート標準示方書」に，許容支圧応力度が定められている．

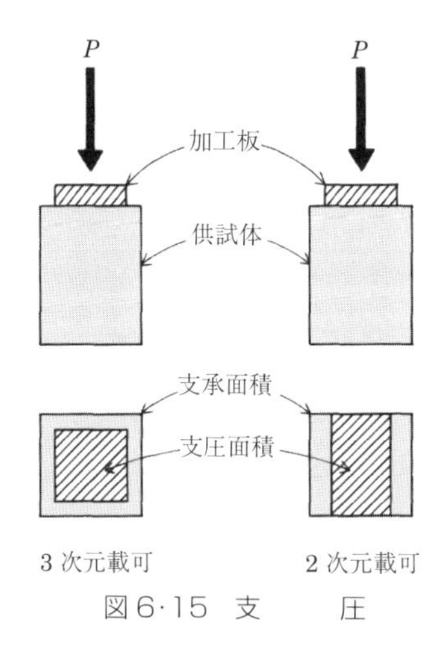

図6·15　支　　圧

コンクリートの模様？

図6·16のように，よくコンクリート表面に見られるこの丸い跡は何だろう？ 実は，第5章で学んだ型枠を固定するために使用したPコンを取り除いたときにできた穴を，無収縮モルタルで充填した跡である（図6·17）．

コンクリートを打設するとき，型枠がコンクリートの重みで広がらないようにするために，セパレータ，Pコン，ホームタイが用いられる．セパレータはコンクリート中に残されるが，Pコンを専用の電気ドリルやスパナでセパレータから取り外すことができる．その跡にモッコンごてでモルタルを押し込むとこの跡ができる．

近年は，施工性を高めるため，高強度コンクリートでできた穴埋め処理用栓（Pコンと同形）などの材料をコンクリート用ボンドで接着する工法もある．

図6·16　コンクリートの表面

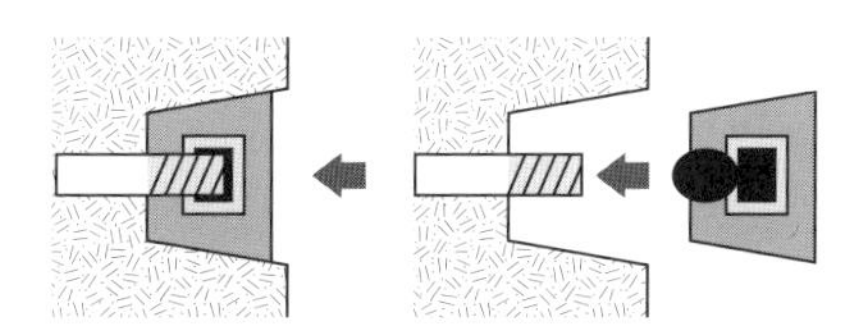

図6·17　Pコンを取り除いた穴を処理する方法

3 水 1 m³ とどちらが重い?

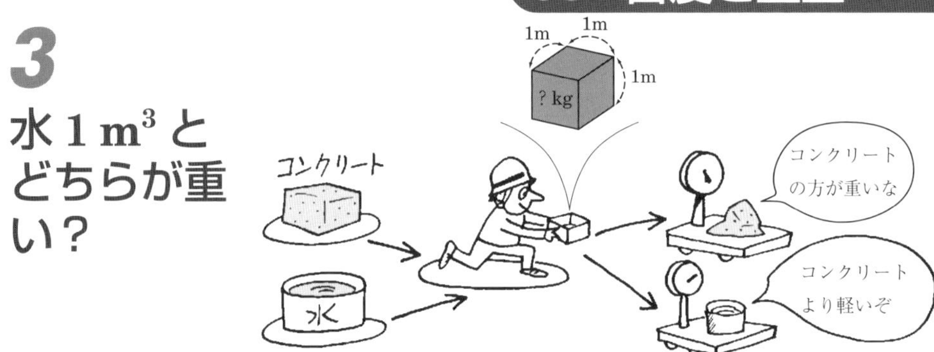

密度とは

コンクリートの密度とは，単位体積（1 m^3）当たりのコンクリートの質量の大きさで示される．密度は使用するセメントや骨材の密度，粒度，最大寸法および各材料の量の割合を示す配合などにより異なる．

一般に設計に用いられる密度は，無筋コンクリートで 2 300 ～ 2 350 kg/m^3，鉄筋コンクリートで 2 400 ～ 2 500 kg/m^3 と大きく，重量も多くなる．この重量が大きいことをうまく活用したものが擁壁（ようへき）やダムであるが，反面，構造物の自重が大きくなるという短所にもなる．自重を減らすための人工軽量骨材を使用した軽量コンクリートの密度は，1 500 ～ 2 000 kg/m^3 である．

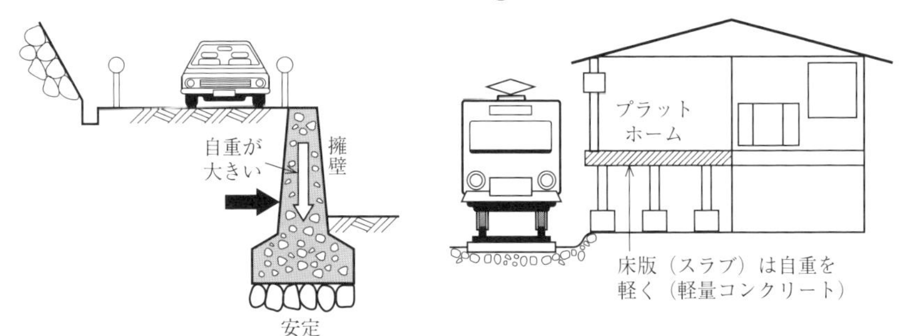

図 6·18　コンクリートの密度と自重

また，重量骨材を用いれば，3 000 ～ 5 000 kg/m^3 のコンクリートをつくることもできる．

密度と重量

死荷重の計算に用いる無筋コンクリートおよび鉄筋コンクリートの密度は，試験によって定めるのを原則とするが，土木学会コンクリート標準示方書による値を用いてもよい．

表 6·2 の鉄筋コンクリートの密度 2 500 kg/m^3 は，コンクリートの単位重量を

表 6·2　各材料の密度

材料	密度〔kg/m³〕
木材	800
瀝青材	1 100
軽量骨材コンクリート	1 700
鉄筋軽量骨材コンクリート	1 850
セメントモルタル	2 150
アスファルト	2 300
コンクリート	2 300～2 350
鉄筋コンクリート	2 450～2 500
プレストレスコンクリート	2 500
アルミニウム	2 800
鋳鉄	7 250
鋼・鋳鋼・鍛鋼	7 850

2 350kg/m³ とし，これに鉄筋の平均的な使用量 150 kg/m³ を加えた値である．

また，密度と質量および重量との関係は次のようになる．

・密度〔kg/m³〕：物体の単位体積（1 m³）当たりの質量の大きさ．

・質量〔kg〕　：物体を構成する物質の量の大きさ．

・重量〔N〕　　：質量に重力が作用した値（重力の加速度＝9.80665 m/s²）

重力〔N〕＝質量〔kg〕×重力の加速度〔m/s²〕

〔例題〕 図のような鉄筋コンクリートスラブの全質量および重量を求めよ．

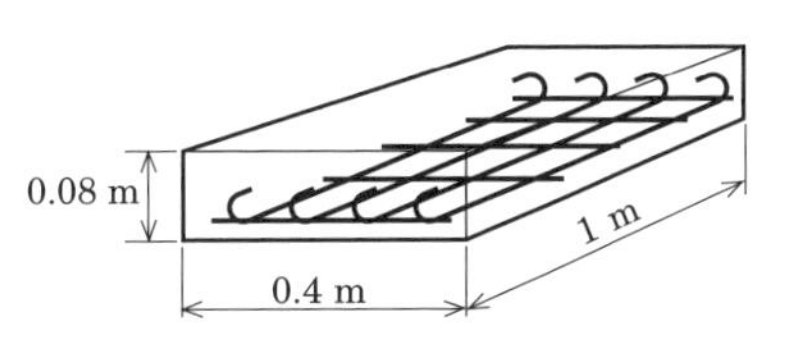

〔解答〕 鉄筋コンクリートの密度を表 6·2 より 2 500kg/m³ とする．

鉄筋コンクリートスラブの体積 V は

$$V = 0.08 \times 0.4 \times 1.00 = 0.032\ \mathrm{m^3}$$

$$\text{全質量} = V \times \text{密度} = 0.032\ \mathrm{m^3} \times 2\,500\ \mathrm{kg/m^3} = 80\ \mathrm{kg}$$

重力の加速度を 9.8 とすると

$$\text{全重量〔N〕} = \text{全質量〔kg〕} \times \text{重力の加速度〔m/s}^2\text{〕} = 80\ \mathrm{kg} \times 9.8\ \mathrm{m/s^2} = 784\ \mathrm{kg \cdot m/s^2} = 784\ \mathrm{N}$$

4 変形量は力で変わる

力と変形量

硬化したコンクリートの力学的な関係を述べてみよう．

(1) 応力-ひずみ曲線　図 6·19 に示すように，一様な断面を持つ部材の軸に沿って引張力を加えると部材は伸び，圧縮力を加えると部材は縮む．この変形量を Δl，もとの長さを l とすると，ひずみ $\varepsilon=\Delta l/l$，部材の断面積を A，外力（引張力または圧縮力）を P とすると，単位面積当たりの応力は，$\sigma=P/A$ となる．また，縦軸に応力 σ，横軸にひずみ ε をとり，力を加えると，応力とひずみは，**図 6·20** のように変化する．これがコンクリートの応力-ひずみ曲線になる．

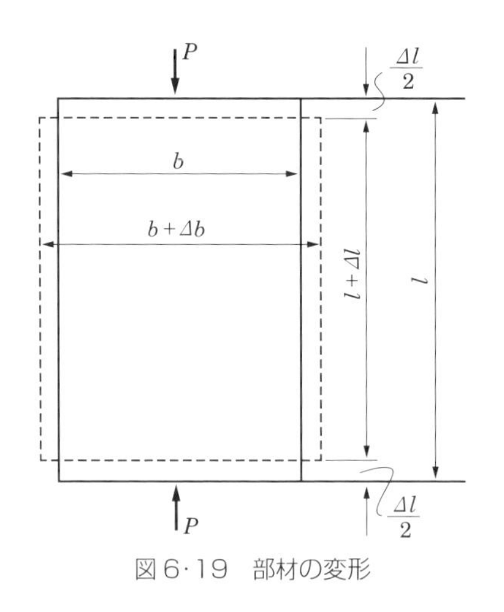

図 6·19　部材の変形

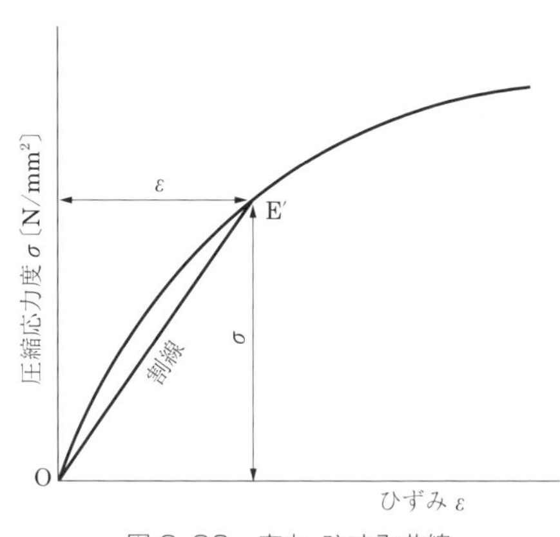

図 6·20　応力-ひずみ曲線

コンクリートは完全な弾性体でないため塑性変形をし，応力とひずみの関係は曲線となる．このためコンクリート材料では，フックの法則に従わないので，安全に使用できる範囲と考えられる点をとる．図 6·20 の OE′ を直線と考え，この範囲内で塑性体の弾性係数の値を定めている．

(2) ヤング係数（弾性係数） 外力による伸び縮みの性質を表すのに，ヤング係数（弾性係数）という比例定数で表す．これは 1 cm^2 に働く力を伸び縮みの率で割った値をいう．式で表すと，

$$\sigma = E\varepsilon,\ E = \sigma/\varepsilon$$

ここに，σ：応力〔N/mm^2〕　$\sigma = P/A$

ε：ひずみ　$\varepsilon = \Delta l/l$

E：ヤング係数〔N/mm^2〕

(3) ポアソン比 部材の軸方向に引張力または圧縮力を加えたとき，図 6·19 のように，縦方向ひずみ $\varepsilon_l = \Delta l/l$ に対する横方向ひずみ $\varepsilon_b = \Delta b/b$ の比を**ポアソン比**という．

$$\frac{1}{m} = \frac{\varepsilon_b}{\varepsilon_l} = \frac{\Delta b/b}{\Delta l/l}$$

ここに，$1/m$：ポアソン比（m：ポアソン数）

ε_b：横方向ひずみ

ε_l：縦方向ひずみ

ポアソン比の逆数をポアソン数といい，ポアソン数の値は，金属材料で 3〜4，コンクリートでは 6〜12 の範囲内にある．

水に浮くコンクリート

毎年，土木系学生によるコンクリートカヌー大会が土木学会関東支部主催で 8 月に開催されている．カヌーに使用しているコンクリート自体は比重が 1.0 以上あり，カヌーの形をしていなければ沈んでしまう．

しかし，コンクリート自体が水に浮くポーラスコンクリートというものがある．ポーラスコンクリートは中に気泡をたくさん含んでおり，水に浮くほど軽い．また，強度もあり，一般住宅の外壁パネルなどに使われている．身近なところでは道路舗装に使われており，水溜りがでず，水しぶきがほとんどあがらない．また，コンクリートの空洞によって騒音を吸収する役目もある．

5 長時間では疲れるね

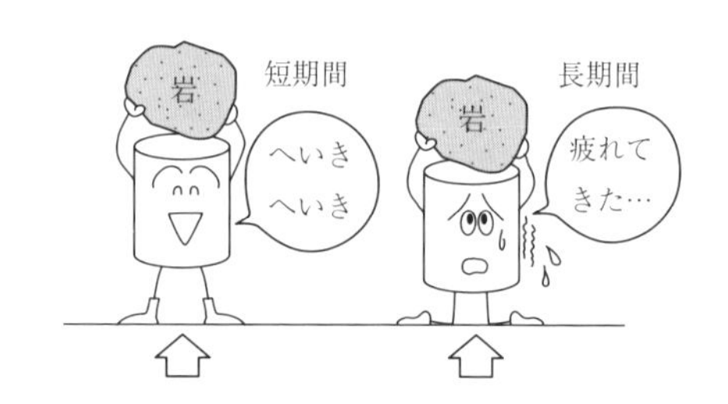

クリープ

コンクリートに力をかけると縮むが，その力をいつまでもかけたままにしておくと，図 **6·21** に示すように，時間とともに縮みが増加していく．このように力は変わらないのに，時間とともにひずみが増加していく性質を，コンクリートの**クリープ**という．

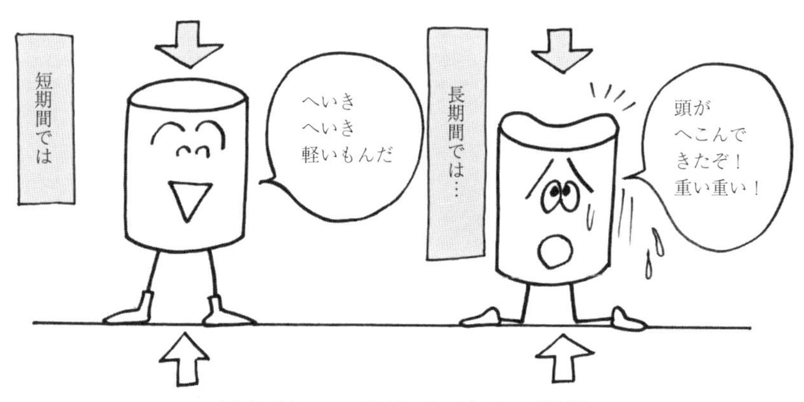

図 6·21　コンクリートのクリープ状態

クリープの発生原因は，セメントの間げき水が圧力によって徐々に排出されたり，結晶間のすべりに起因するといわれている．また，クリープに影響を与える要因として次のことがあげられる．

① 載荷時の材齢が短期間および載荷期間が長いほどクリープひずみは大きくなる．

② 載荷荷重が大きいほどクリープひずみは大きくなる．

③ 高強度のコンクリートほどクリープひずみは小さい．

④ コンクリート温度が高いほどクリープひずみは大きくなる．

⑤　乾燥している環境クリープひずみは大きくなる．

疲　　労

材料に繰り返し荷重をかけると，小さな荷重でも破壊を起こす．この現象を材料の**疲労**という．また，繰返し荷重で破壊してしまうことを，**疲労破壊**という．

活荷重や風荷重，地震荷重のように，繰返し荷重が作用するような構造物では，特に疲労を考慮しなければならない．これらの影響を受けやすいものに，鉄道橋や道路橋など，大きな列車や車が通過するたびに，繰返し荷重を受けることになる（**図 6·22**）．

図 6·22　疲労破壊

軟鋼の場合は，繰返し回数は約 200 万回で，疲労破壊に達するといわれているが，コンクリートの疲労破壊は，1 000 万回の範囲内では明確に現れてこない．このような場合は，繰返し回数を任意的に定め，そのときの破壊応力で表す．これを**疲労強度**という．

荷重の繰返し回数 N を横軸に対数目盛でとり，応力 S を縦軸に普通目盛でとると，**図 6·23** に示すようになり，同じ繰返し回数で鋼材とコンクリートを比較すると，コンクリートが疲労には強いことがわかる．

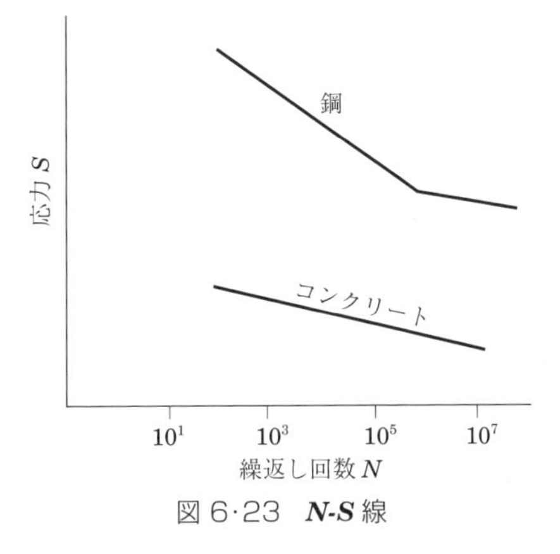

図 6·23　***N-S*** 線

6 雨ニモ負ケズ風ニモ負ケズ

凍結作用を受けるコンクリート

水が凍結するとその体積は約 1.09 倍となる．この体積膨張がコンクリート構造物を破壊してしまう．

凍結融解作用によるコンクリートの劣化作用について述べてみると，コンクリート内には，硬化時のブリージングによって生じた孔のすき間が多数ある．**図 6·24** に示すように，コンクリートの太い毛細管中の水は，0℃で凍結する．この凍結での膨張により，細い毛細管に水が移動し，細い毛細管内部にまで圧力が発生する．このような孔のすき間内の水圧や流水圧の繰り返しにより，コンクリートが次第に劣化する．この影響を減らすため，コンクリート中にエントレンドエアを発生させ，凍結による孔のすき間内の流動する圧力を空気孔内に入れ，減少または消滅させ，耐久性の改善を図っている．

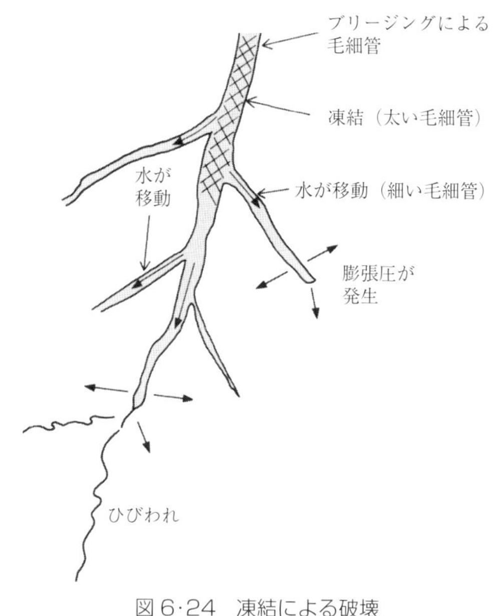

図 6·24　凍結による破壊

化学作用を受けるコンクリート

〔1〕酸の作用に対するコンクリートへの影響　コンクリートの化学的浸食は，セメントペースト部分に起こり，特に化学作用を受けやすいのは水酸化カルシウムである．硫酸，塩酸，硝酸などの強い酸は，水酸化カルシウムを溶解してしまうか

らである．このような酸に対して，使用材料の配合の選定などで反応を止めることはできない．そのためタイルなどの保護工を施したり，アスファルトまたは特殊ワニスを塗布する場合もある．

〔2〕**海水の作用に対するコンクリートへの影響**　海洋中につくられた水中コンクリートの浸食の原因には，化学作用と干満における乾湿凍結融解作用，そして波の作用によるものがある．ここでは化学作用による浸食について見てみよう．

海水には，塩化マグネシウム，硫酸マグネシウム，硫酸ナトリウムなどが含まれ，これらがセメントペースト中の水酸化カルシウムと化合し，コンクリートを次第におかす．しかし，化学作用による浸食は，急に起こるものではなく，徐々に起きるものなので，コンクリート材料と施工とに注意すれば耐久性のある構造物をつくることができる．

〔3〕**塩化物の作用に対するコンクリートへの影響**　コンクリート中に多量の塩化物が含まれると，コンクリートの中性化や塩害によって鉄筋の腐食が進み，耐久性に著しい影響を与える．さらに塩化ナトリウム，塩化カリウムなどにより，アルカリ骨材反応を起こすおそれがあり，これらのことについては既に説明してきた．

〔4〕**アルカリシリカ反応の抑制対策**　アルカリシリカ反応の抑制方法として，アルカリシリカ反応性試験でB区分（p.40参照）と判定された骨材を使用する場合には，次のような対策を行う必要がある．また，この対策を行えば，B区分の骨材を用いても，A区分の骨材を用いたコンクリートと同様に扱ってよいとされている．

① 低アルカリ形セメントを使用する（高価）．

② 混合セメントのB種，C種を用いる．

③ ポルトランドセメントを使用するときは，コンクリート中のアルカリ総量（Na_2Oに換算）を3.0 kg/m^{3}以下にする．

④ 海岸線の飛来塩分を防止する．

7 夏ノ暑サニモ負ケズ

耐火性，耐熱性

耐火性とは，コンクリートが火災時のように，一時的に高温にさらされる場合の性質をいい，**耐熱性**とは，コンクリートが持続的に高温にさらされる場合の性質をいう．このように，コンクリートの熱の受け方により，劣化を起こす原因が異なってくる．

加熱によるコンクリート構造物の劣化を見てみると，

① コンクリートの物理的，化学的作用による劣化

② コンクリートの鉄筋の付着力低下による劣化

③ 火災などによる局部的加熱での異状変化による劣化

などがある．

まず，加熱によるセメントペーストの物理的，化学的作用による劣化については，次のようになる．

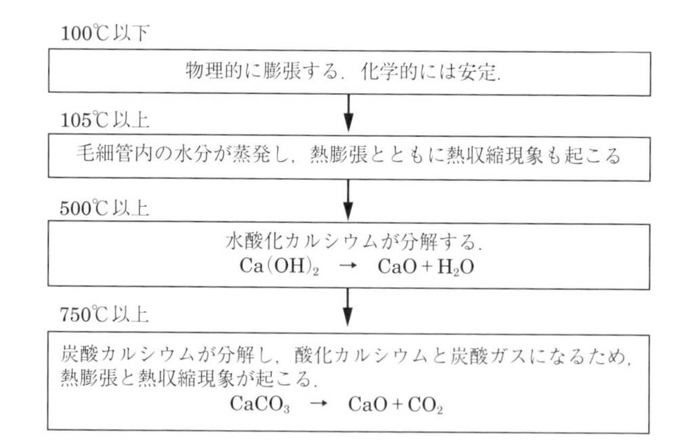

100℃以下
物理的に膨張する．化学的には安定．
105℃以上
毛細管内の水分が蒸発し，熱膨張とともに熱収縮現象も起こる
500℃以上
水酸化カルシウムが分解する．
$Ca(OH)_2 \rightarrow CaO + H_2O$
750℃以上
炭酸カルシウムが分解し，酸化カルシウムと炭酸ガスになるため，
熱膨張と熱収縮現象が起こる．
$CaCO_3 \rightarrow CaO + CO_2$

加熱による骨材の変化についてみると，耐熱性は石質によって著しく異なり，火成岩では高温まで安定であるが，堆積岩類では750℃前後から炭酸カルシウム

が分解し，軟化する性質がある．

加熱によるコンクリートの劣化をみると，高温ではセメントは脱水による収縮がみられ，骨材は膨張するため，組織が破壊され劣化する．

付着強度の低下は顕著に現れ，200℃においては約50%，400℃以上で10%以下の付着強度しか現れない．

水密性

コンクリートは多孔質な性質を持っている．そのために水を通す性質があり，水を吸収もする．この性質を**透水性**と呼び，水を通すことが少ないほど水密性が大きいといい，水密性の大きいコンクリートを**水密コンクリート**という．

コンクリートの透水性は，材料，配合，締固め，養生方法などに影響を受ける．その中でも特に漏水の原因は，締固め不良によるものが多い．そこで水密構造物をつくるためには，ワーカブルなコンクリートを用いて施工する．具体的には，

① AE剤，AE減水剤などを用い，コンクリートのワーカビリティーを良くする．

② 単位水量，水セメント比を減じて水密性を増す．

③ 粗骨材の最大寸法を小さくし，粒度の適当なものを選び，あまり硬練りのコンクリートを使わない．

④ 材料が分離しないようできるだけ均一なコンクリートをつくること．

水密性を持ったコンクリートでも，初期には水がしみ出てくることもあるが，日数がたつとまったく水を通さなくなる場合も多い．十分注意してつくられたコンクリート構造物では，多少水がしみ出しても，あまり心配する必要のない場合がある．

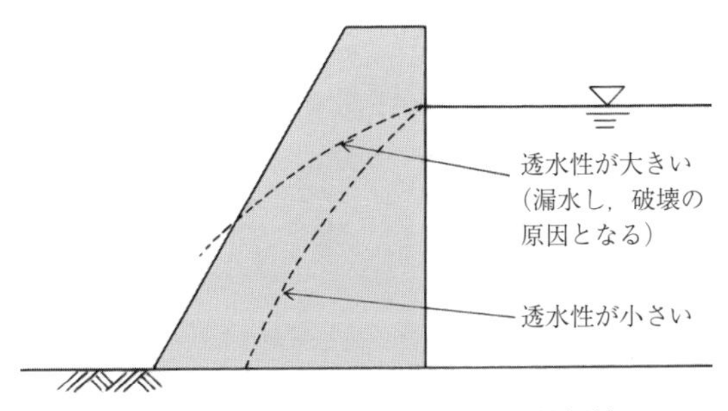

図6·25　ダムコンクリートの浸潤線

8 コンクリートの強度チェック

硬化したコンクリートの試験

コンクリートの強度については，すでに説明したように，材料や練り混ぜの方法，養生方法，大気の条件などによって，常に変化してしまう．このように，いろいろな条件によって，強度に影響を及ぼすため，常に一定の強度を得ることは不可能である．そのためにその都度，コンクリートの強度を知る試験が必要となる．ここでは特に，コンクリートの強度試験の代表的なものである圧縮強度試験（JIS A 1108），引張強度試験（JIS A 1113）および曲げ強度試験（JIS A 1106）について説明しよう．

圧縮強度試験（JIS A 1108）

圧縮強度試験は，所定の強度が得られたかどうかを確認したり，使用材料が適しているかを判定し，さらにコンクリートの品質管理を行うことを目的として行う．ま

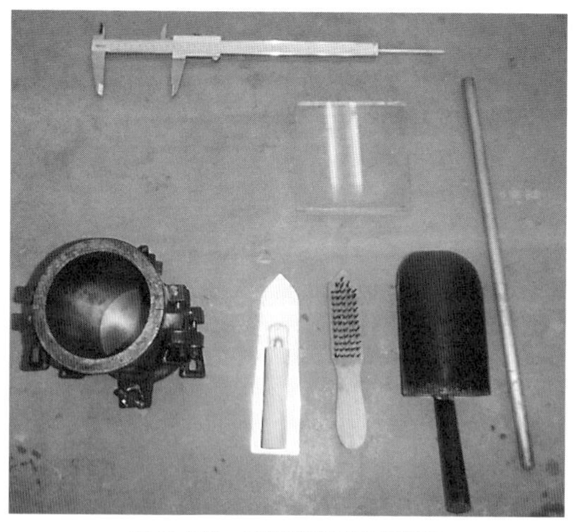

図 6·26　圧縮強度試験用器具

た，圧縮強度 f'_{ck} は供試体の材齢 28 日における強度を基準として求める．圧縮強度試験に用いる試験用器具を**図 6·26** に示す．

〔実験要領〕

図 6·27　コンクリート練混ぜ

①　型枠の組立（**図 6·28**）

②　コンクリートを型枠に詰める（直径 15 cm，高さ 30 cm の場合．**図 6·29**）．

3 層に分け詰める．各層を 25 回突き棒で突く．3 層詰め終わったら木づちで型枠の周りを軽くたたく．硬練りで 2〜6 時間，軟練りで 6〜24 時間放置する．

③　キャッピングを行う．

キャッピングに用いるセメントペースト（水セメント比 27〜30%）は，用いるほぼ 2 時間前に練り混ぜておき，水を加えずに繰り返して用いる．

④　脱型と養生　硬化後脱型し，養生水槽で養生する．養生温度は 20±3℃とす

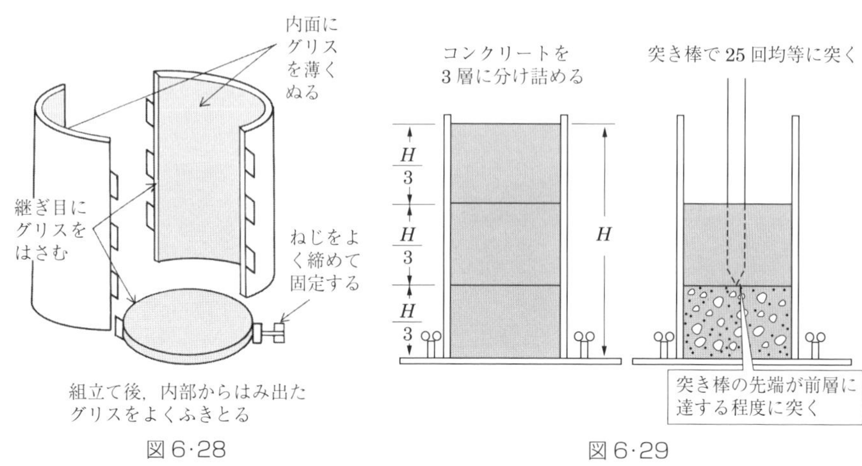

図 6·28

図 6·29

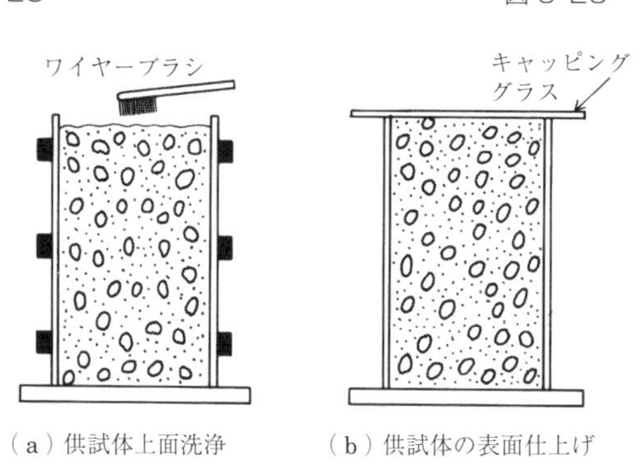

（a）供試体上面洗浄　（b）供試体の表面仕上げ

図 6·30 供試体の上面洗浄と供試体の表面仕上げ

る．供試体の材齢は，標準として1週，4週，13週とし，試験前まで養生する．

⑤ 圧縮強度試験

・供試体の直径を直交する方向 d_1，d_2 で測定する（mm単位で，小数点以下1けたを0.2 mmきざみで丸める）（**図 6·31**）．

・圧縮試験機で圧縮強度 f'_c〔N/mm²〕を求める．

試験機を点検調整し，一様な速度で荷重を加える（**図 6·32**）．

圧縮強度 f'_c は次式で求める．

$$f'_c = \frac{\text{最大荷重}\ P}{\text{供試体断面積}\ A}\ \text{〔N/mm}^2\text{〕}$$

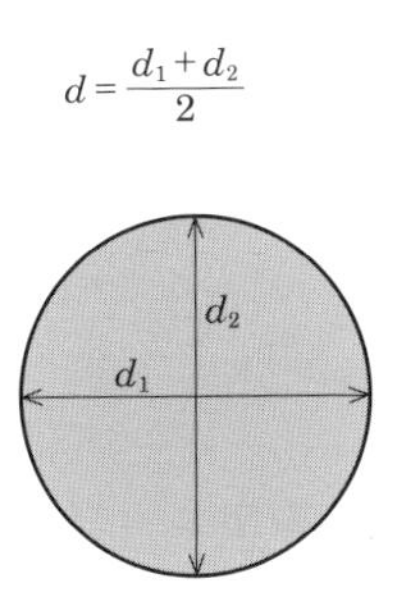

図 6·31

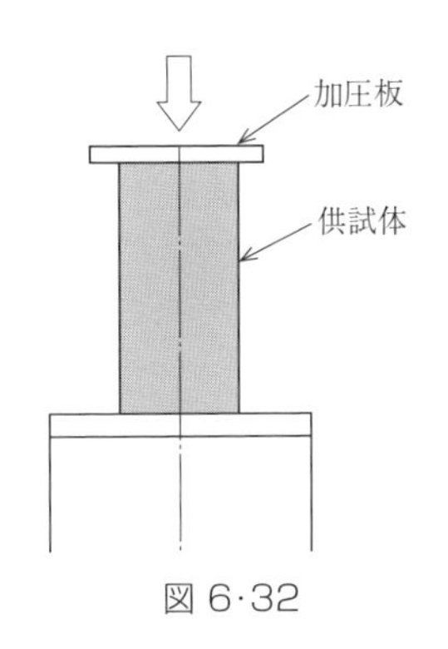

図 6·32

引張強度試験 (JIS A 1113)

引張強度試験は，圧縮強度の 1/10～1/13 程度と小さな値で，鉄筋コンクリート部材の設計では無視されるが，舗装版，水槽などの設計では重要な性質である．

引張強度試験に用いられる試験用の器具は，圧縮強度試験に用いたものと同様なものを使用する．

〔**実験要領**〕

① 供試体の作成　圧縮強度試験と同様に作成するが，キャッピングの必要がないため，上面までコンクリートを入れ，こてで平らにならす（**図 6·33**）.

② 供試体の測定　供試体の荷重を加える方向の 2 箇所以上で直径を測る（mm 単位で，小数点以下 1 けたを 0.2 mm きざみで丸める）（**図 6·34**）.

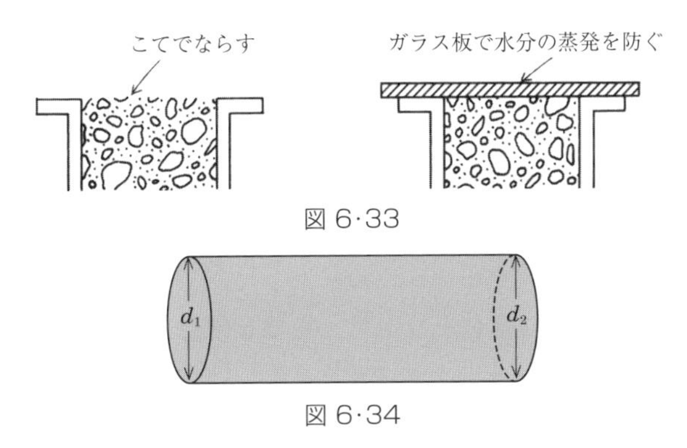

図 6·33

図 6·34

③ 試験機に載せる　供試体を試験機の加圧版に偏心しないように横に据える（**図 6·35**）.

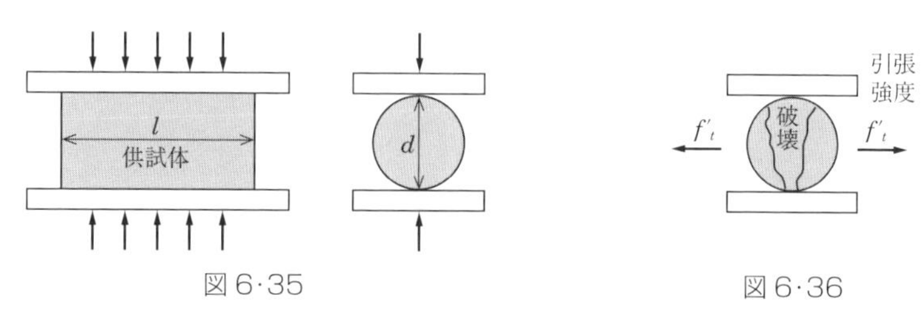

図 6·35　　図 6·36

④　供試体を破壊する　試験機が示す最大荷重を有効数字 3 けたまで読み取る（**図 6·36**）.

$$f'_t = \frac{2P}{\pi d l} \ \text{〔N/mm}^2\text{〕}$$

ここに，P：最大荷重〔N〕　d：供試体の直径〔mm〕　l：供試体の長さ〔mm〕

⑤　供試体の破壊面の長さを測定　破壊面の長さを 2 箇所以上測定する（**図 6·37**）.

$$l = \frac{l_1 + l_2 + l_3}{3}$$

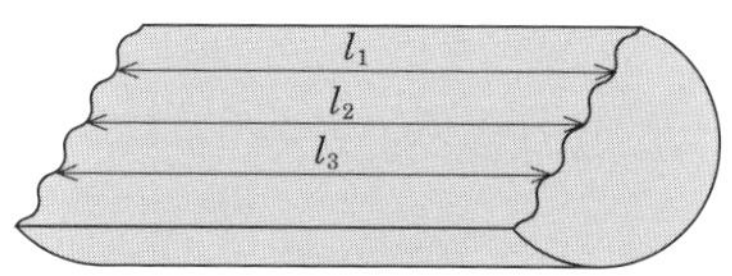

図 6·37　破壊面の長さの測定

曲げ強度試験 (JIS A 1106)

曲げ強度試験は，コンクリートのはりに曲げモーメントを加え，はりの引張側に生じる曲げ引張応力を求めるもので，コンクリート舗装の配合設計に必要な値である.曲げ強度試験に用いる試験器具を**図 6·38** に示す.

〔**実験要領**〕

①　供試体の作成（**図 6·39**）　型枠に 2 層に詰め各層は 10 cm² に 1 回の割合で突き作成する．供試体の材齢は，1 週および 4 週を標準とする.

②　曲げ強度試験を行う（**図 6·40**）.

供試体を曲げ強度試験装置にセットし，衝撃を与えないように一様に加える.破壊荷重を測定する.

③　破壊断面を測定する（**図 6·41**）.

平均幅　$b = \frac{b_1 + b_2 + b_3}{3}$　　　平均高　$d = \frac{d_1 + d_2 + d_3}{3}$

図 6·38　曲げ強度試験器具

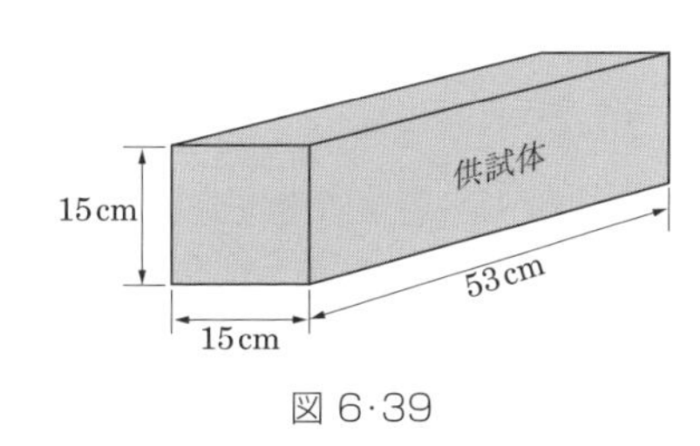

図 6·39

図 6·40　曲げ強度試験装置

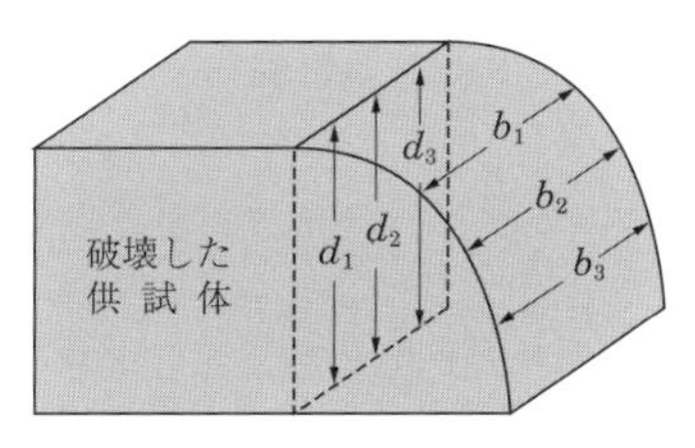

図 6·41　破壊断面の測定

④　曲げ強度の計算

a. 供試体が引張側表面のスパン方向中心線の 3 等分点間で破壊のとき

$$f'_{cb}=\frac{Pl}{bd^2}\times 1\,000$$

ここに，f'_{cb}：曲げ強度〔N/mm^2〕 l：スパン〔mm〕 P：最大荷重〔N〕 b：破壊断面の幅〔mm〕 d：破壊断面の高さ〔mm〕

b. 供試体が引張側表面のスパン方向の中心線の 3 等分点の外側で破壊し，かつ 3 等分点から破壊断面との交点までの距離がスパンの 5%以内のとき

$$f'_{cb}=\frac{3Pa}{bd^2}\times 1\,000$$

ここに，a：破壊断面とこれに近い方の外側支点との距離．引張側表面もスパンの方向に 2 箇所測ったものの平均値

c. 供試体がスパンの 3 等分点の外側で破壊し，かつ荷重点から破壊断面までの距離が，スパンの 5%を超えたときは，試験結果は無効とする．

6章のまとめ問題

【問題1】 コンクリートは（　①　）強度は大きいが引張強度は圧縮強度の1/（　②　）～1／（　③　）である．また曲げ強度は圧縮強度の1/(　④　)～1/（　⑤　）程度と弱い．そのため，曲げ部材には鉄筋を（　⑥　）側に配置する．

【問題2】 コンクリート材料の練り混ぜが不十分であると強度に影響を与える．練り混ぜに使用するミキサによって練り混ぜ時間が異なり，可傾式ミキサでは（　①　）程度，強制練りミキサでは（　②　）程度が標準である．

【問題3】 コンクリートの強度に影響を与える要因を5つ答えなさい．

【問題4】 鉄筋コンクリートの密度を2 500 kg/m³ とするとき，図6·42の断面の質量と重量を求めよ．ただし，重力の加速度は9.8 m/s とする．

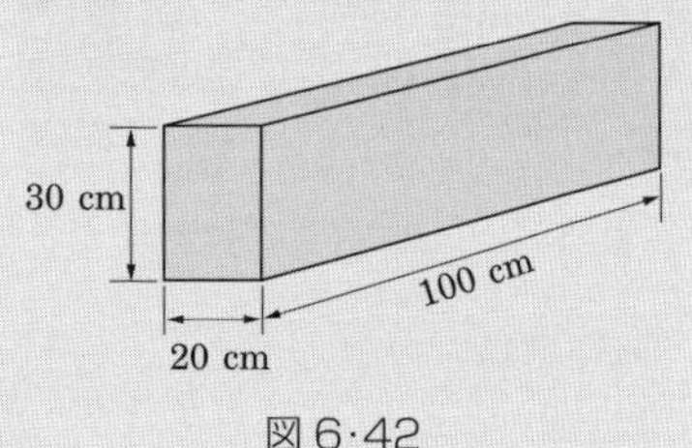

図6·42

【問題5】 コンクリートの耐久性を低下させる要因を4つ述べなさい．

【問題6】 (土木施工管理技術検定試験対策問題)

コンクリートに関する記述のうち，適当でないものはどれか

(1) コンクリートの締固めには，棒状バイブレータ（内部振動機）を用いることを原則とし，それが困難な場合には型枠バイブレータ（型枠振動機）を使用してもよい．

(2) AE剤は，微小な独立した空気のあわを分布させ，コンクリートの凍結融解に対する抵抗性を増大させる．

(3) AE剤を用いて空気量を増加させたコンクリートは，圧縮強度が増加する．

(4) 化学工場，汚水処理施設などで問題となる化学的腐食には，鉄筋のかぶりを大きくとることが効果的である．

7章

レディーミクストコンクリート

整備されたコンクリート製造設備を持つ JIS 認定の工場や，全国生コンクリート品質管理監査会議から㊜マークを承認された工場から，購入者の希望の品質を持ち，随時購入することができるまだ固まらないコンクリートを，**レディーミクストコンクリート**（ready-mixed concrete：生コンクリートまたは生コン）という．

レディーミクストコンクリートは，品質にすぐれ，現場でのコンクリート練混ぜの設備や手間を省略することができ，広く建設工事に用いられている．

この章では，生コンの規格や製造，運搬について学ぶ．

1

セメントの1/2は生コン用

生コンの利点

生コンは，1916年ごろアメリカで初めてつくられたが，当時はダンプトラックで運搬していたので品質の変化がはなはだしかった．現在は，かくはんしながら荷卸し地点まで運ぶ生コン運搬車（トラックアジテータ）が開発され，生コンの品質向上に役立っている．生コンの利点として次のようなことがあげられる．

① 狭い場所でもOK.

② 品質は保証済み（JIS認定工場では，生コンの呼び強度などはすべてSI単位で表示する）.

③ 現場で練る手間が不要.

④ 工事費が安い.

利用上の注意

生コンを利用するうえで，次のような点に注意することが必要である．

① 建設現場と生コン工場とは連絡を密にすること．

② 生コン車は重量が重いので，道路状況や現場内の搬入路および場所に注意すること．

③ 運搬がスムーズにできるようにすること．

④ 運搬中に材料が分離しないようにすること．

⑤ 運搬中や現場到着時に加水しないこと．

生コンの種類

生コンの種類は，普通コンクリート，軽量コンクリートおよび舗装コンクリートに区分され，粗骨材の最大寸法，スランプおよび呼び強度を組み合わせた**表7·1**に示した○印のものとする．

表7·1　JIS A 5308によるレディーミクストコンクリートの種類

コンクリートの種類	粗骨材の最大寸法〔mm〕	スランプ又はスランプフロー*〔cm〕	呼び強度													
			18	21	24	27	30	33	36	40	42	45	50	55	60	曲げ4.5
普通コンクリート	20, 25	8,10,12,15,18	○	○	○	○	○	○	○	○	○	○	—	—	—	—
		21	—	○	○	○	○	○	○	○	○	○	—	—	—	—
	40	5,8,10,12,15	○	○	○	○	○	—	—	—	—	—	—	—	—	—
軽量コンクリート	15	8,10,12,15,18,21	○	○	○	○	○	○	○	○	—	—	—	—	—	—
舗装コンクリート	20, 25, 40	2.5,6.5	—	—	—	—	—	—	—	—	—	—	—	—	—	○
高強度コンクリート	20, 25	10,15,18	—	—	—	—	—	—	—	—	—	—	○	—	—	—
		50,60	—	—	—	—	—	—	—	—	—	—	○	○	○	—

注（*）荷卸し地点の値であり，50 cm および 60 cm がスランプフローの目標値である．

なお，次の事項は，購入者が生産者と協議のうえ指定することができる主なものである．

①セメントの種類，②骨材の種類，③粗骨材の最大寸法，④骨材のアルカリシリカ反応性による区分，⑤混和材料の種類，⑥軽量コンクリートの場合のコンクリートの単位容積質量（密度），⑦コンクリートの最高または最低温度など．

製品の呼び方

生コンの製品の呼び方は，下記のように記号によって呼んでいる．

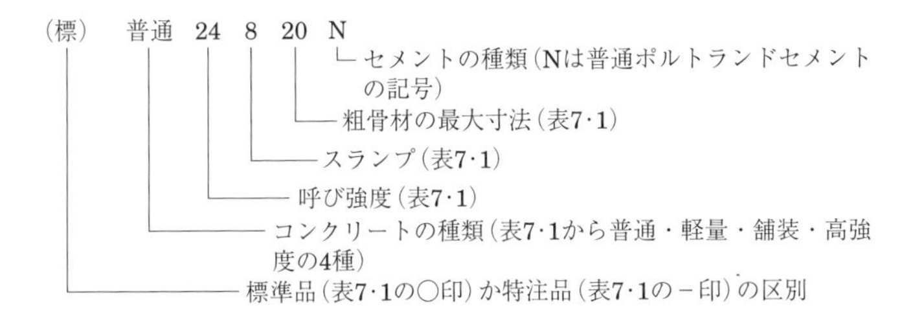

高強度コンクリート

普通コンクリートよりも強度が高く，高層ビルなどを実現するために開発されたものである．コンクリート製造時に水分を減らすと流動性が落ち，ポンプ圧送ができず施工性が悪くなる．そこで混和剤を使用することで水分量を減らしながら，流動性を確保できるコンクリートが製造できる．さらに高性能 AE 減水剤を使用することで 150 N/mm^2 以上のコンクリート，（一社）日本建築学会の基準では高強度コンクリートは設計基準強度が 36 N/mm^2 と規定されている．

生コンの品質と受入検査

生コンの品質のうち強度，スランプ，空気量は，荷卸し地点での次の条件を満足していなければならず，それぞれの試験を行って調べる．これを生コンの**受入検査**という．

〔1〕 **強　　度**　強度試験の結果，次の規定の両方とも満足すること．

① 1 回の試験結果は，購入者が指定した呼び強度の値の 85%以上であること．

② 3 回の試験結果の平均値は，購入者が指定した呼び強度の値以上であること．

（注） 強度試験における供試体の材齢は 28 日とする．

〔2〕 **スランプ**　スランプは，**表 7·2** に示す値とすること．

〔3〕 **空 気 量**　空気量は，**表 7·3** に示す値とすること．

表 7·2 スランプ　単位〔cm〕

スランプ	スランプの許容差
2.5	± 1
5 および 6.5	± 1.5
8 以上 18 以下	± 2.5
21	± 1.5*

注（*） 呼び強度 27 以上で，高性能 AE 減水剤を使用する場合は，±2 とする．

表 7·3 空気量　単位〔%〕

コンクリートの種類	空気量	空気量の許容差
普通コンクリート	4.5	± 1.5
軽量コンクリート	5.0	
舗装コンクリート	4.5	
高強度コンクリート	4.5	

〔4〕 **塩化物含有量**　塩化物含有量は，荷卸し地点で塩化物イオン量として 0.30 kg/m^3 以下であること．

塩化物含有量の検査は，工場出荷時に行うことによって，荷卸し地点で所定の条件を満足することが十分可能であるので，**工場出荷時**に行うことができる．

生コンの配合と判定

〔1〕　生コンの配合

①　生コンの配合は，購入者と協議して，指定された事項および規定された品質を満足し，かつ，規定する検査に合格するように生産者が定める．

②　生産者は，生コン配合報告書を購入者に提出しなければならない．

〔2〕　生コンの判定

①　検査項目：強度，スランプ，空気量および塩化物含有量について行う．

②　判　　定：前述の生コンの品質の規定に適合すれば合格とする．

③　試験回数：強度試験の回数は，原則として 150 m^3 について 1 回の割合とする．

④　検査場所：荷卸し地点では，強度，スランプ，空気量について行う．
ただし，塩化物含有量は工場出荷時でもよい．

〔例題〕　レディーミクストコンクリートを普通コンクリート，呼び強度 21 N/mm²，スランプ 8 cm，空気量 4.5%と指定して購入した．受入検査で 3 回の圧縮試験とスランプ試験，空気量試験および塩化物含有量試験を行い，以下の結果を得た．品質規定からみてこのレディーミクストコンクリートの合否を判定しなさい．

試験結果

試験項目	1 回目	2 回目	3 回目
圧縮試験〔N/mm²〕	25	19	20
スランプ〔cm〕	8	9	10
空気量〔%〕	4	6	5
塩化物含有量（kg/cm³）	0.03		

〔解答〕　(1)　圧縮試験

①呼び強度の 85%以上から

$21〔N/mm^2〕\times 0.85 = 17.85〔N/mm^2〕$

したがって，1 ～ 3 回の圧縮強度はいずれも 17.85 N/mm² 以上である．

・・・(適合)

② 3 回の試験結果の平均値は指定した呼び強度以上から

$(25+19+20)\div 3 = 21.3〔N/mm^2〕>$ 呼び強度 $21〔N/mm^2〕$

・・・(適合)

(2)　スランプ　8 cm ± 2.5 から 5.5%～ 10.5%

したがって，試験結果の各スランプ値は範囲以内・・・(適合)

(3) 空気量　4.5%±1.5%から3%～6%

したがって，試験結果の各スランプ値は範囲内・・・(適合)

(4) 塩化物含有量

塩化物含有量0.3 kg/cm^{3}以下より，したがって，試験結果の塩化物含有量(0.03 kg/m^3) は範囲内・・・(適合)

よって，各試験結果が適合しておりこのレディーミクストコンクリートは合格である．

日本ではじめての生コン工場は？

大正12年（1923年）の関東大震災直後に，復興局道路課が生コンプラントを設置した記録は残っている．しかし生コンを販売していわけではなかった．

日本ではじめて生コン工場ができたのは，戦後の昭和24年（1949年）である．最初のプラント設置から26年後のことであった．その年の11月15日に東京都墨田区業平橋に操業した工場が，日本最初の生コン工場である．そして操業を開始した11月15日は「生コン記念日」にされている．

2 生コンの仕込と運搬

製造設備

生コン製造の主な設備は，①材料（セメント，骨材，混和剤など）貯蔵設備，②バッチングプラント，③ミキサである．

バッチングプラントのしくみを**図 7·1** に示す．

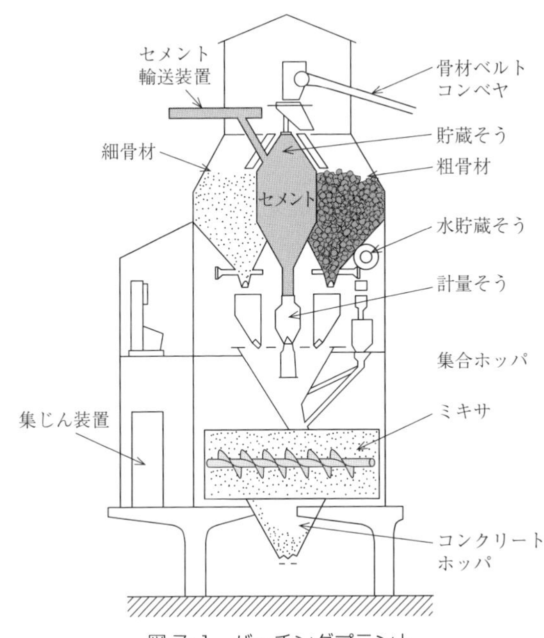

図 7·1　バッチングプラント

生コンの製造工程

生コンの製造工程の一例を**図 7·2** に示す．

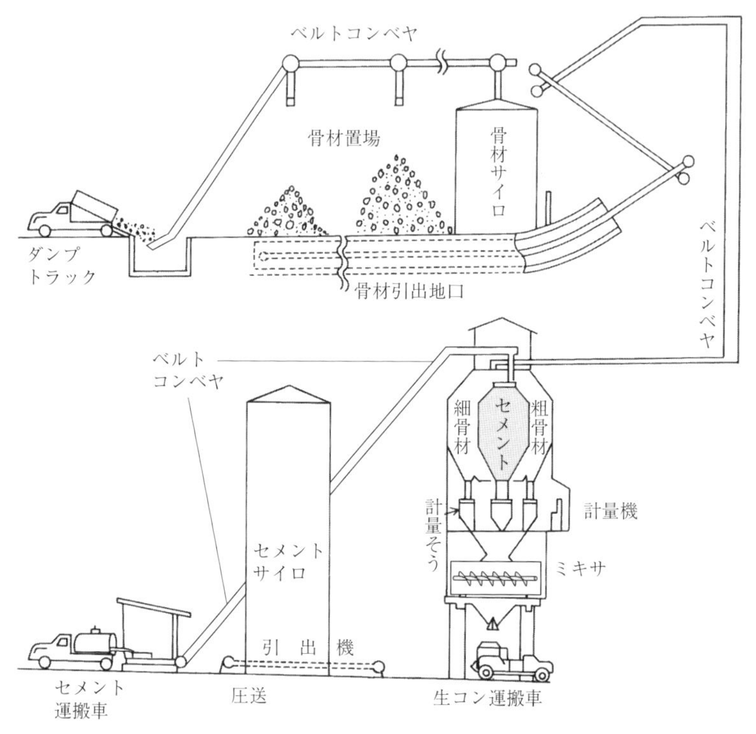

図 7·2 生コンの製造工程

生コン工場選定の注意事項

生コン工場選定の良否は，コンクリート工事に大きく影響するので，下記の事項を考慮して信頼のできる工場を選ぶようにする．

① 構造物の重要度
② 生コン工場の設備
③ 生コン工場の品質管理状態
④ 生コン工場から現場までの輸送時間
⑤ 生コンの価格
⑥ 一つの生コン工場で間に合わない場合の処置

生コン運搬車

生コンの運搬は，生コン施工管理上最も大切であり，細心の注意が必要である．生コンの運搬には，次の性能を持つトラックアジテータを使用する（**図 7·3**）．

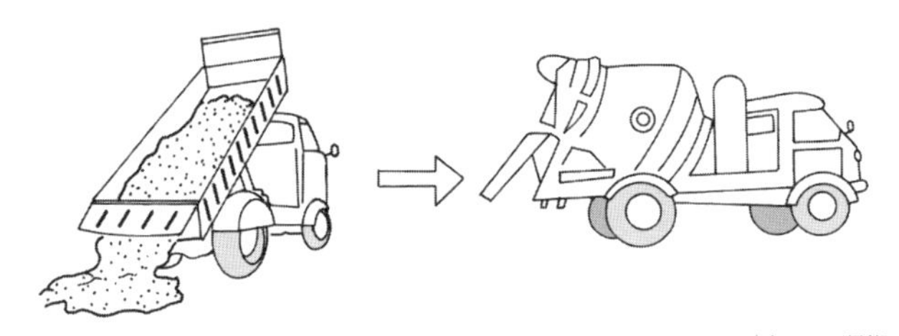

図 7·3　生コンの運搬

①　品質を十分均一に保持できる．

②　材料の分離を起こさない．

③　容易に，完全に排出できる．

④　荷卸しされるコンクリート流の約 1/4 と約 3/4 のところから，個々に試料を採取してスランプ試験を行い，両者の差が 3 cm 以内である．

また，スランプ 2.5 cm 以内の舗装用コンクリートを運搬する場合に限り，ダンプトラックも使用できる．

運搬時間

生コンは，運搬中の時間の経過に伴い，セメントの水和作用など品質が変化するので，運搬時間を次のように制限している．

①　トラックアジテータを使用　練り始めてから 1.5 時間以内に荷卸しをする．ただし，購入者と協議のうえ，変更することもできる．

②　ダンプトラックを使用　1 時間以内とする．

したがって，運搬時間に対応する平均距離は，約 10 km となっている．また，運搬途中や荷卸し地点で，材料の分離やスランプの変化が予想されても，運転手や施工業者の勝手な判断での加水は絶対にしてはならない．

7章のまとめ問題

【問題1】 コンクリート製造工場でつくられ，まだ固まらない状態で工事現場に運搬されるコンクリートを（　　　　　）という．

【問題2】 生コンの工場から現場までの運搬について説明せよ．

【問題3】 （土木施工管理技術検定試験対策問題）

レディーミクストコンクリートの受け入れ検査に関する次の記述のうち，レディーミクストコンクリートの規定からみて適当なものはどれか．

(1) 圧縮強度の試用試料の採取を荷卸し地点でできなかったので，出荷工場で行った．

(2) 塩化物含有量試験を荷卸し地点でできなかったので，出荷工場で行った．

(3) 空気量試験を荷卸し地点でできなかったので，出荷工場で行った．

(4) スランプ試験を荷卸し地点でできなかったので，出荷工場で行った．

【問題4】 （土木施工管理技術検定試験対策問題）

JIS A 5308 レディーミクストコンクリートの購入に関する次の記述のうち，誤っているものはどれか．

(1) 3回の強度試験の平均値が呼び強度以上あっても，強度の品質規格を満足しているとはいえない．

(2) スランプは，荷卸し地点で規定の許容差の範囲内でなければならない．

(3) コンクリートに含まれる塩化物量は，1 m^3 のコンクリートに含まれる塩素イオンの量で示され，所定の量以上含まれていなければならない．

(4) JIS A 5308 に示す呼び強度とスランプおよび粗骨材の最大寸法との組み合わせによって購入者が指定する．

まとめ問題解答

1章 コンクリートの基礎

〔問題 1〕

①セメント，②砂（順不同）

〔問題 2〕

①ポルトランド，②石灰石

〔問題 3〕

①骨材，② 65～80

〔問題 4〕

①アルカリ

〔問題 5〕

①アルカリ，②シリカ

〔問題 6〕

①コールドジョイント

〔問題 7〕

①圧縮，②引張

〔問題 8〕

①ひび割れ

〔問題 9〕

コンクリートの性質に関する出題率は高い．このことは土木施工上，コンクリートが大きくかかわっているからであり，単に問題の解答を見つけだすことより，コンクリートの性質や強度など，コンクリートの全般的な内容について十分理解をするように努力すべきである．また，正解を多くするためには，4 つの選択肢の中で明らかに正しい（誤っている）ものをまずみつけ出すことも一つの方法である．その視点からみると(3)の海水が適当であることがわかる．当然(1)，(2)，(4)は不適当となる．

(1)はセメント＋水＋細骨材を混ぜて練ったもので明らかにコンクリートではない，(2)はセメント中のアルカリ分と骨材中のシリカ分が化学反応を起こしたもので，シリカ分の少ない骨材を使用することが反応を防ぐことになる，(4)はJISのJはJapanで，International（国際的な）ではないので明らかに誤っている．　解答：(3)

2章 セメントの働き

〔問題1〕

①風化

〔問題2〕

①モルタル

〔問題3〕

①石こう

〔問題4〕

①酸化カルシウム，②二酸化ケイ素，③酸化アルミニウム，④酸化鉄（順不同））

〔問題5〕

①エーライト，②ビーライト，③アルミネート相，④フェライト相（順不同）

〔問題6〕

①普通ポルトランドセメント，②早強ポルトランドセメント，③超早強ポルトランドセメント，④中庸熱ポルトランドセメント，⑤低熱ポルトランドセメント，⑥耐硫酸塩ポルトランドセメント（順不同）

〔問題7〕

①高炉セメント，②シリカセメント，③フライアッシュセメント（順不同）

〔問題8〕

①B種，②C種（順不同）

〔問題9〕

コンクリートをつくる結合材であるセメントに関する問題である．明らかに適当でないのは(2)の水和熱であることがわかるであろう．早強と中庸熱ポルトランドセメントは，水和熱の発生量についてはまったく正反対であるからである．(1)，(3)，(4)はそれぞれの内容から適当と判断できよう．
解答：(2)

3章 骨材と水の働き

〔問題 1〕

①中性化

〔問題 2〕

① 10，② 5，③ 85

〔問題 3〕

① 5，② 85

〔問題 4〕

(1) 絶対乾燥（絶乾）

(2) 空気中乾燥（気乾）

(3) 表面乾燥飽水（表乾）

(4) 湿潤

(5) 吸水量

(6) 表面水量

〔問題 5〕

①表面乾燥飽水（表乾）

〔問題 6〕

① 90，②最小

〔問題 7〕

①空げき，②実績

〔問題 8〕

①海水

〔問題 9〕

骨材はコンクリートの骨格をなす重要な働きをしているので，出題率も高い．粗粒率の持つ意味を理解していれば，(3)が誤っていることがわか

る．骨材の粗粒率は，大きいほど大きい骨材が多いことを示す．(1)，(2)，(4)は正しい．　解答：(3)

4章 コンクリートの配合設計

〔問題 1〕

配合

〔問題 2〕

単位量

〔問題 3〕

①強度　②耐久性　③ワーカビリティー（順不同）

〔問題 4〕

①設計基準強度

②割増し係数

〔問題 5〕

水セメント比

〔問題 6〕

水セメント比 W/C に関する問題の出題率も高い．それはコンクリートに大きく影響するからである．W/C の式は，W の水量が大きければ W/C も大きくなり，セメントのりの接着力も弱く，強度の小さいコンクリートになる．したがって，(1)が明らかに誤りである．　解答：(1)

5章 フレッシュコンクリートの性質

〔問題 1〕

フレッシュコンクリート

〔問題 2〕

コンシステンシー・
ワーカビリティー・
プラスチシティー・
フィニシャビリティー・

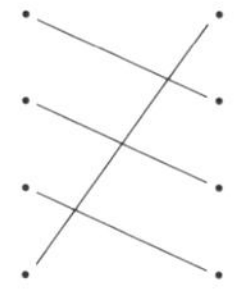

・仕上げのしやすさ
・変形や流動に対する抵抗
・コンクリート作業全般の容易さ
・材料が分離しないねばり

〔問題 3〕

①ブリーディング　②レイタンス

〔問題 4〕

①エントレインドエア

②エントラップドエア

〔問題 5〕

用語に関する問題は出題率が高いので，よく整理して理解し，記憶することが大切である．(1)～(4)の内容を見てみると，(1)のワーカビリティーと塑性変形はまったく関係がなく，明らかに不適当である．同様に(2)，(3)も明らかに正しくない．　解答：(4)

6章　硬化したコンクリートの働き

〔問題 1〕

①圧縮　② 10　③ 13　④ 5　⑤ 8　⑥下縁

〔問題 2〕

① 1 分 30 秒　② 1 分

〔問題 3〕

使用材料，配合，練混ぜ，締固め，養生

〔問題 4〕

体積 $V = 0.3 \times 0.2 \times 1.0 = 0.06\ \mathrm{m^3}$

質量 $m = 2\,500\ \mathrm{kg/m^3} \times 0.06\ \mathrm{m^3} = 150\ \mathrm{kg}$

重量 $W = 150\ \mathrm{kg} \times 9.8\ \mathrm{m/s^2} = 1\,470\ \mathrm{N} = 1.47\ \mathrm{kN}$

〔問題 5〕

凍害：コンクリート内部の水分が凍結融解を繰り返しコンクリートが劣化する．

化学的腐食：工場や温泉水などに含まれる強い酸によって水酸化カルシウムを溶解し劣化する．

塩害：外部やコンクリート中の塩化物イオンによって鉄筋がさびて膨張することでコンクリートにひび割れを起こす．

アルカリシリカ反応：コンクリートに含まれるアルカリ成分が骨材と反

応し，膨張を起こしひび割れを起こす

〔問題 6〕

(3) AE 剤によりエントレンドエアが発生するため強度は低下する．

7章 レディーミクストコンクリート

〔問題 1〕

レディーミクストコンクリート

〔問題 2〕

生コンの運搬は，生コン施工管理上最も大切である．生コンは大部分がトラックアジテータを使用するが，スランプ 2.5 cm 以内の舗装用コンクリートの場合はダンプトラックで運搬してもよい．

また，運搬時間は次のように制限している．

①トラックアジテータ使用：練り始めてから 1.5 時間以内に荷卸しをする．

②ダンプトラック使用：1 時間以内とする．

〔問題 3〕

レディーミクストコンクリートを使用する場合，購入者は現場に荷卸しされたコンクリートの品質が，指定された条件を満足するものであるかどうか確かめるために，検査を行わなければならない．強度，スランプ，空気量については，荷卸し地点での条件が規定されているから，(2) 以外は適当ではない．　解答：(2)

〔問題 4〕

生コンの品質規格のうち強度については，1 回の強度は呼び強度の 85% 以上という規定もあるので (1) は正しい．また，(2) と (4) も正しい．(3) は，塩化物イオンが 0.3 kg/m^3（所定の量）以下とすると規定されており，所定の量以上含まれていなければならないというのは誤りである．

解答：(3)

索　引

ア行

カ行

サ行

タ行

ナ行

ハ行

マ行

ヤ行

ラ行

ワ行

英数字

〈監修者略歴〉

粟津清蔵（あわづ　せいぞう）
1944年　日本大学工学部卒業
1958年　工学博士
日本大学名誉教授

〈著者略歴〉

浅賀榮三（あさが　えいぞう）
1960年　日本大学理工学部卒業
元栃木県立宇都宮工業高等学校校長

渡辺和之（わたなべ　かずゆき）
1966年　岩手大学工学部卒業
前栃木県立那須清峰高等学校校長

高際浩治（たかぎわ　ひろはる）
1987年　宇都宮大学工学部卒業
現　在　栃木県立真岡工業高等学校教諭

村上英二（むらかみ　えいじ）
1989年　宇都宮大学工学部卒業
現　在　栃木県立今市工業高等学校教諭

相良友久（さがら　ともひさ）
1999年　東北工業大学大学院工学研究科
土木工学専攻修士課程修了
現　在　栃木県立今市工業高等学校教諭

鈴木良孝（すずき　よしたか）
2005年　秋田大学大学院後期課程修了
博士(工学)
現　在　栃木県立那須清峰高等学校教諭

• 本書の内容に関する質問は，オーム社ホームページの「サポート」から，「お問合せ」の「書籍に関するお問合せ」をご参照いただくか，または書状にてオーム社編集局宛にお願いします．お受けできる質問は本書で紹介した内容に限らせていただきます．なお，電話での質問にはお答えできませんので，あらかじめご了承ください．
• 万一，落丁・乱丁の場合は，送料当社負担でお取替えいたします．当社販売課宛にお送りください．
• 本書の一部の複写複製を希望される場合は，本書扉裏を参照してください．

JCOPY ＜出版者著作権管理機構 委託出版物＞

絵とき　コンクリート（改訂3版）

1994年 8 月20日　第 1 版第1刷発行
2000年12月20日　改訂2版第1刷発行
2015年 5 月25日　改訂3版第1刷発行
2022年 6 月10日　改訂3版第7刷発行

著　者　浅賀榮三・渡辺和之・高際浩治
村上英二・相良友久・鈴木良孝
発行者　村上和夫
発行所　株式会社 オーム社
郵便番号　101-8460
東京都千代田区神田錦町3-1
電 話　03(3233)0641(代表)
URL https://www.ohmsha.co.jp/

© 浅賀榮三・渡辺和之・高際浩治・村上英二・相良友久・鈴木良孝 *2015*

印刷・製本　三美印刷
ISBN978-4-274-21761-6　Printed in Japan